항공 여행객을 위한
안전한 하늘길

심재홍 지음

안전한 하늘길

지은이 | 심재홍
편집인 | 정재우
펴낸이 | 안나, 정재우
펴낸곳 | 토일렛프레스

2021년 12월 30일 제 1판 1쇄 인쇄

주소 | 서울특별시 서초구 명달로 3, 301호
홈페이지 | www.toiletpress.com
전자우편 | ceo@toiletpress.com
ISBN | 979 - 11 - 969385 - 8 - 1

값 | 18,000원

- 파본이나 잘못된 책은 구입처에서 바꿔드립니다.
- 본 도서에 게재된 모든 글과 사진의 무단 사용을 금합니다.

항공 여행객을 위한
안전한 하늘길

심재홍 지음

| 추천사

신동춘
- 前 서울지방항공청장
- 글로벌항공우주산업학회 회장

    이 책의 저자이신 심재홍 님과 저는 국토교통부의 항공 관련 분야에서 여러 차례 함께 근무하며 다양한 업무를 진행해왔습니다. 본인이 지켜봐온 저자는 언제나 차분하고 세심했으며, 합리적인 성품과 일처리로 동료와 상사는 물론 부하 직원으로부터도 신망이 두터웠습니다.

    저자는 국토교통부를 퇴직한 후에도 민간 항공분야에 깊은 애정과 관심을 보여왔는데, 이러한 결실로 금번에 좋은 책을 출간하게 된 것에 대해 같은 항공우주분야에 몸담고 있는 일인으로서 큰 축하와 함께 노고를 치하드립니다. 책의 출간을 앞둔 저자께서 천학비재한 저에게 추천사를 부탁해 주셨는데, 저 역시 국토교통부, 그리고 퇴직 후 항공사를 거쳐 현재 글로벌항공우주산업학회 회장으로서 상당기간 동안 항공우주 분야에서 경험하고, 배우고, 가르치며 지내왔기에 흔쾌한 마음으로 추천사를 쓰게 되었습니다.

저자는 이 책을 통하여 항공여행과 항공기 운항의 전 과정을 자세하고도 알기 쉽게 설명함으로써 일반인은 물론 항공에 종사하시는 여러 분들에게도 큰 도움을 주고 있습니다. 우리가 막연히 알고 있거나 호기심을 가지게되는 항공기 운항의 전 과정은 오랜 세월 동안 많은 전문가들이 노력한 끝에 국제적으로 확립된 절차이며, 매 운항시마다 고도로 훈련된 항공종사자들에 의해 계획·처리되고 있다는 사실을 일깨워주고 있습니다. 사실 민간 항공은 분야가 굉장히 방대하여 한 사람이 모든 것을 다 알기는 어려운데, 저자가 본 출간작을 통해 전 분야에 대한 그림을 일목요연하게 보여준 것은 학문적으로나 실제적으로나 현장에서 일하는 분들에게 매우 유용할 것으로 믿습니다.

잘 아시는 바와 같이 항공여행은 육상여행이나 해상여행에 비해 가장 안전한 교통수단으로 자리잡았습니다. 이렇게 되기까지는 과학기술의 발전, 국제민간항공기구(ICAO)를 중심으로 한 국제적 표준의 제정과 시행, 그리고 세계 각지에서 열정과 함께 안전성을 확보하고 또한 증진시키고자 하는 수많은 항공종사자분들의 각고의 노력이 있었음을 잊어서는 안될 것입니다. 세계 민간항공이 이룩한 이러한 성과와 발전이 이 책에 녹아들어 있습니다.

또한 이 책은 미래를 설계하고 있는 젊은이들에게 항공은 어떻게 움직여지고 있고 각 전문분야에서 활약하고자 한다면 무엇을 공부하고 어떤 자격을 갖추면 되는지에 대해 상세한 지침서 역할도 하고 있으니, 젊은 독자들께서는 좋은 선택을 하시어 밝은 장래를 열어 나아가시를 바랍니다.

책의 적재적소에 다양한 사진과 상세한 설명을 곁들여 마치 현장에 있는것 같은 실감이 나도록 집필해주신 저자의 배려에 대해 감사드립니다. 퇴직 후에도 쉬지 않고 항공에의 열정으로 상당기간 귀중한 시간과 노력을 아끼지 않으셨기에 노고의 치하와 함께 경의를 표하는 바입니다.

이 책이 민간항공의 발전은 물론 후학들에게 좋은 지침서가 되고, 꿈을 꾸는 젊은이들에게는 인생의 안내서가 되기를 바라며 추천사를 갈음하고자 합니다. 감사합니다.

2021년 11월
글로벌항공우주산업학회 회장 신동춘

| **추천사** - 보석같은 안내서, 항공전문가의 시각을 항공여행상식으로!

김필연
• 인천국제공항공사 부사장

　최근 1 - 2년은 COVID - 19 펜데믹으로 해외여행이 전면중지되다시피 한 상태였습니다만, 각종 여론이나 주변 지인들의 이야기, 경제전문지 등의 전망을 볼 때 언제든지 다시 여행수요가 폭발할 수 있을 것으로 생각됩니다. 그래서 많은 일반 국민들의 국내외 항공여행에 대한 관심도는 펜데믹 여부와 상관없이 항상 높은것 같습니다.
　요즈음과 같이 글로벌화된 사회에서는 누구나 원하는 때에 항공여행을 즐길 수 있을 것입니다. 으레 여행을 떠난다고 하면 내가 이용할 항공사, 공항에서 종종 보이는 단정한 유니폼 차림의 직원들과 아늑한 기내 좌석들, 그리고 먹음직스런 기내식 등이 먼저 떠오를 것입니다. 하지만 항공기의 안전한 이륙과 착륙을 위해 그 뒤에서 운항을 준비하고 보조하는 많은 사람과 시스템, 항공기 운항지원의 기술적 영역과 다양한 제반 절차, 공항 내 가장 전문적인 분야 중 하나인 항행안전시설의 관리 및 운영, 항공기상특성 파악 등 수반되는 여러 가지 기능과 역할의 내용은 일반적으로 접하기 어려운 지식들이기 때문에 일반인들로서는 벽을 느낄 수도 있을 것입니다.

이 책의 저자인 심재홍 원장님은 국토교통부 재직중 항공정책업무를 역임하신것을 바탕으로 풍부한 경험과 상식에 입각하여, 본 도서를 일반 국민들이 편안하게 읽고 느끼는데에 어렵지 않게 잘 쓰셨다고 생각합니다. 얼핏 제목만 봤을 때는 '항공안전'이라는 주제가 떠오를 수 있어서 딱딱하거나 어려울 수도 있을 것으로 생각했으나, 막상 책을 펼쳐드니 이내 그러한 생각은 없어지고 재미있고 흥미진진하다는 생각이 머릿속에 자리잡았습니다.

책을 읽고 나니 '항공여행안내서', '항공여행상식', '항공기 운항상식', '공항운영전문가' 등의 키워드가 떠오릅니다. 책의 내용은 전문분야를 소상하게 소개하면서도 이를 간결하게 풀어씀으로써 일반여행객들이 이해하기 쉽게, 특히 항공분야에 입문하는 교육생들의 입문서로도 많은 도움이 될 수 있을 정도로 잘 균형잡힌 책이기에 적극 추천드립니다.

항공여행은 사람들로 하여금 설레임, 행복감, 즐거움을 주는 시점의 시간들일 것입니다. 이 책을 읽고 있노라면 여행계획을 세우고 여행을 하는 과정속의 파노라마 영상속에 있는 상상이 듭니다. 그 만

큰 항공여행의 상식과 전문성이 잘 표현된 책입니다.

저자이신 심재홍 원장님과의 인연이 시작된 때는 우리나라가 해외여행 자유화를 하고 중국과 수교한지 채 10년이 되지 않은 90년대 중반쯤으로, 국제항공여행 수요가 폭발적으로 증가하던 시기였습니다. 당시 국제항공정책의 실무자였던 원장님과 제가 공항현장에서 그 정책을 집행하며 보조를 맞추던 때가 있었는데, 늘 성실함과 함께 좋은 매너로 업무를 원만하게 처리하시던 원장님의 성향답게 책을 참 잘 집필하셨다는 인상을 받았습니다. 책의 내용, 구성, 목차, 각종 자료수집을 위해 노력한 흔적들, 과하지도, 부족하지도 않은 그간의 풍부한 경험이 녹아든 멋진 도서로 주변에도 적극 추천드리고 싶습니다.

항공직종사자로서 30년 이상 항공운항, 공항운영분야에만 종사해왔던 입장에서 저도 이렇게 책을 펴내보았으면 하는 부러움과 용기도 함께 생겼습니다. 부족한 제게 발간사를 한말씀 드릴 기회를 주셔서 영광스럽게 생각하며 감사드리고 뿌듯했습니다. 본 도서가 항공여행을 하시는 많은 국민들께 사랑받고, 또한 펜데믹 위기를 넘겨 다시 많은 항공기들이 비상하는 날이 빨리 오기를 희망합니다.

2021년 11월
인천국제공항공사 부사장 김필연

추천사 · 4
서문 · 16
머리말 · 20

제 1편 공항에 도착하다

제 1장 발권에서 항공기 탑승까지 · 25

1. 항공여행의 시작, 공항 · 25
2. 항공권 발권과 수하물 부치기 · 30
3. 출입국 심사와 보안검색 · 34
4. 탑승 게이트에서의 마지막 검색 · 38

제 2장 공항의 주요 시설 · 41

1. 항공기의 안전사령탑, 관제탑 · 41
2. 하늘길의 시작, 활주로 · 52
3. 주기장과 유도로 · 62
4. 시계가 나쁠 때 항공기 착륙을 유도하는 계기착륙시설 · 63
5. 항공기에 불빛을 제공하는 항공등화시설 · 69

제 3장 공항의 안전 관리 · 73

1. 공항별 항공기상예보와 특보 · 73
2. 조류충돌을 막아라 · 77
3. 활주로 양측 15km 지점 이내, 방해받지 않아야 한다 · 80
4. 공항 내의 소방구조대 · 82

제 2편
항공기에 탑승하다

제 4장 내가 탄 항공기는 얼마나 안전할까 · 87
1. 내가 탄 항공기의 기종과 성능은? · 87
2. 항공기의 형식증명과 안전설계기준 · 90
3. 항공기의 안전을 위한 수백번의 시험평가와 제작증명 · 95
4. 항공기 운항의 최종 관문인 운항증명 · 97
5. 점검 또 점검… 이어지는 운항 적합성 증명 · 99
6. 최첨단의 정점에 서있는 항공기의 안전장치 · 103

제 5장 항공기가 더욱 궁금해진다 · 119
1. 비행기와 항공기가 다른가요? · 119
2. 저 무거운 항공기는 대체 어떻게 날까 · 120
3. 정교함의 대명사, 항공기의 구조 · 123
4. 항공기의 개발사(史) · 134

제 3편
항공기, 하늘을 날다

제 6장 이륙에서 착륙까지 · 143
1. 승객이 탑승하기 전 항공사는 무엇을 준비할까 · 143
2. 시동 및 활주로 이동 · 148
3. 이륙 및 상승단계 · 155
4. 순항단계 · 160
5. 하강 및 착륙 단계 · 165

제7장 내 목적지는 어떤 항로로 어떻게 갈까 · 181
1. 내가 탄 항공기의 항로 · 181
2. 우리나라의 항공공역은 얼마나 넓은가? · 183
3. 항공기들의 전후 간격과 측면 간격 · 186
4. 항공기가 목적지까지 가는 방법 · 190

제 8장 항공 기상에 대처하는 방법 · 197

1. 바람이 많이 분다… 항공기가 뜰 수 있을까 · 198
2. 저시정 상태에서의 착륙 · 205
3. 난기류로 흔들리니 겁이 나지만 · 206
4. '벼락맞은 항공기'는 괜찮을까? · 208
5. 착빙과 눈 · 210
6. 조종사는 구름의 양도 알아야 한다? · 212
7. 기압과 온도 · 213
8. 화산재, 우박, 황사 · 215

제 4편
나의 소중한 생명을 지켜주시는 분들

제 9장 여러분들이 있어 우리는 편안한 여행을 할 수 있습니다 · 221

1. 조종사 · 222
2. 항공교통관제사 · 239
3. 객실 승무원 · 248
4. 항공정비사 · 253
5. 운항관리사 · 255

제 5편
안전한 하늘길을 위하여

제 10장 항공사고는 어떻게 예방하는가 · 261

1. 항공사고를 예방하는 사람들 · 261
2. 사고 예방 노력의 효과 · 274
3. 항공안전도 등을 고려한 세계 최고의 항공사는? · 278
4. 사례를 통해 보는 항공안전관리의 우수성 · 280

제 6편
멋진
항공인이
되고 싶다면

제 11장 멋진 항공인이 되는 길 · 285
1. 조종사 · 286
2. 항공정비사 · 289
3. 관제사 · 291
4. 객실승무원 · 292
5. 운항관리사 · 293
6. ICAO 항행위원 · 294

제 12장 우리나라의 항공사(史)와 항공산업의 미래 · 295
1. 우리나라의 항공 역사 · 295
2. 우리나라 항공산업의 위상 · 304
3. 항공산업의 미래 · 309

맺음말 · 314
편집자의 글 · 316
부록 - 참고자료 · 319

✈ 서문

오늘날 전 세계의 수십억 인구가 항공기를 이용하여 해외 여행을 하며, 우리나라 역시 연간 항공 여행객이 1억 5천만 명에 달한다고 한다. 이는 우리 국민들 중 상당수가 1년에 2 - 3번씩 항공 여행을 하는 것으로, 그만큼 항공기는 우리들의 일상에 밀접하게 다가와 있다.

우리는 항공여행을 할 때 난기류亂氣流에 항공기가 흔들리는 경험을 하기도 하고, 또한 자신이 타고 있는 항공기에 대한 여러 궁금증을 떠올리기도 한다. 공중에서 고속으로 날아가는 항공기는 어느 정도의 높이에서 비행하는지, 항공기와 항공기의 거리는 얼마인지, 그리고 항공기간의 충돌을 방지하기 위한 장치는 무엇이 있는지 등 항공기의 운항과 안전에 관한 여러 의문을 가질 수 있다.

이 책은 항공기를 탑승하여 여행하는 승객 입장에서 항공기의 안전에 관한 궁금한 사항들을 풀어놓은 것이다. 요즈음에는 인터넷 검색을 통해 항공기와 관련된 많은 정보들을 얻을 수 있지만, 단편적이고 부분적인 지식에 머무를 수 있는 인터넷의 자료보다 더 종합적이고 체계적인 정보 제공을 위해 단행본을 출간하는 것이 좋을 것으로 판단하였다.

제 1편에서는 항공 여행의 출발지인 공항에서의 안전관리 체계를 알아보고자 한다. 항공권 발권에서부터 보안 검색을 거쳐 항공기 탑승까지의 안전관리체계와 공항의 주요시설물인 관제탑 및 활주로 등의 역할, 조류 충돌을 방지하기 위한 안전활동 등을 소개하였다.

제 2편에서는 여행객이 탑승하는 항공기는 무슨 기종인지, 이착륙 거리와 최고 속도 등은 어느 정도인지에 대해 살펴보고, 항공기가 어떻게 설계 및 제작되며, 기체에 설치된 첨단장치는 무엇인지 등을 알아보았다.

제 3편에서는 하늘을 날기 위해 항공기를 운항하기 전 조종사와 객실 승무원이 준비하는 요소, 이륙과 착륙의 전 과정별 안전관리, 항공기의 운항 경로 및 항공기간 운항 거리 등에 대해 알아보고, 날씨가 운항에 어떤 영향을 미치는지, 그리고 악천후에는 어떻게 대처하는지 등에 대하여 기술하였다.

제 4편에서는, 결국 사람이 관리하게 되는 항공 안전에 관하여

이를 책임지는 조종사·관제사·객실승무원·정비사의 자격과 훈련, 그리고 항공 종사자들이 최상의 컨디션으로 임무를 수행하도록 하기 위한 방안에 대하여 살펴보았다.

제 5편에서는 항공사고 예방을 위해 활동하는 사람들에 대해 알아보고, ICAO에서 전 세계 체약국을 상대로 실시하는 항공안전점검과 국가 항공안전프로그램SSP; State Safety Programme 등에 대하여 알아보았다.

제 6편에서는 조종사나 관제사 등 멋진 항공인이 되는 것에 관심이 있는 독자들을 위하여 자그마한 정보를 제공하고 있으며, 또한 항공산업의 미래와 우리나라의 국제적 항공위상에 대해서도 전망해보았다.

저자는 항공승객 또한 제3의 항공안전요원이라는 생각을 갖고 있다. 독자와 승객들이 이 책을 통해 안전 관리를 위해 노력하는 여러 요원들의 업무수행 및 요청에 적극 협조함은 물론 그들에게 감사의 마음을 가졌으면 하는 소박한 바램을 가져본다. 이러한 마음가짐이 바로 안전한 항공여행을 향한 첫걸음이 될 수 있다는 것이 저자의 평소 지론이다.

이 책은 항공안전에 관한 종합적인 내용을 담고있기 때문에 조종, 관제, 정비, 통신, 운항관리 등 다양한 분야에 종사하는 많은 전문가들의 도움을 받았다. 바쁜 일상에도 불구하고 각종 자료를 보내주

시고 감수해주신 박항규 前 ICAO 항행위원님을 비롯하여 대한항공의 이용 기장님, 김광삼 운항관리사님, 그리고 국토교통부의 옛 동료분들께 고개 숙여 감사드린다.

   그리고 동 책의 출판을 강력하게 지지하고 부족한 부분을 채워주신 출판사 토일렛프레스의 정재우 대표와 안나 대표에게도 감사를 드린다.

2021년 12월
저자 심재홍 드림

✈ 머리말

인간은 살면서 누구나 여행을 한다. 여행을 통해 서로 만나고, 대화하고, 때로는 새로운 것을 발견하여 얻는 지혜를 통해 삶을 가꾸어 가게 된다.

이러한 측면에서 보자면 인간의 삶 자체가 바로 여행이다. 알렉상드르 뒤마Alexandre Dumas, 1802 - 1870는 '여행한다는 것은 완전히 말 그대로 사는 것이며, 그것은 가슴을 열어 숨을 쉬는 것이고 모든 것을 즐기는 것이다'라고 하였다. 이렇듯 인간은 혼자 살 수 없으며 누군가를 만나고, 어딘가를 가야 하는 것이다.

여행旅行의 사전적 정의는 '사는 곳을 떠나 유람을 목적으로 객지를 두루 돌아다닌다'는 뜻이다. 그러나 혹자는 '진정한 여행은 새로운 풍경을 보러가는 것이 아니라, 세상을 바라보는 또 하나의 눈을 얻어오는 것이다'라고 얘기하고, 또 누군가는 '여행이란 머리는 비우고 가슴은 채우는 것이다'라고 말하기도 한다.

예전과 달리 현대인들은 도시의 숨막히는 빌딩 숲속에서 반복되는 일상을 보내며 많은 스트레스를 받고 마음의 여유를 잃어가고 있다. 그 때문에 이 답답한 일상으로부터 훌훌 벗어나서 대자연의 웅장함과 명승고적지의 아름다움을 만끽하며 자유와 여유를 찾고자 한다.

우리는 여행을 통해서 많은 것을 경험하거나 배우기도, 때로는 지친 심신의 위로를 받기도 한다. 다른 문화권의 사람들이 어떻게 살아가는지, 그리고 이를 통해 그들만의 삶의 방식도 이해하게 된다. 평범하게 직장 생활을 하다가도 문뜩 여행지에서 만난 사람, 풍경, 어느 낯선 골목에서 들었던 음악 등의 아련한 추억을 떠올리며 행복한 감상에 젖어있기도 한다. 그래서 인간은 추억을 먹고 사는 동물이라고도 하지 않는가. 이처럼 여행은 우리 인생에서 소중한 것이며, 우리의 삶을 살찌우고 풍부하게 해준다. 그리고 그 여행을 가능하게 해주는, 푸른 하늘을 날아오르는 항공기가 있다.

1년에 수십억명이 항공여행을 즐기는 시대! 본 저서는 바로 독자 여러분, 항공여행객의 생명을 지키기 위한 "안전한 하늘길"에 대한 이야기이다. 지금부터 그 이야기를 풀어보고자 한다.

2.7

제 1편
공항에 도착하다

제1장
발권에서 항공기 탑승까지

1. 항공여행의 시작, 공항

설레는 마음으로 공항에 도착한다. 깔끔하고 멋진 공항 건물과 밝은 분위기가 여행객을 반기는 것 같다.

주위를 둘러보면 분주히 오가는 항공사 직원들을 금새 발견할 수 있다. 예쁜 유니폼을 입은 객실승무원도 있고, 플라이트 백flight bag을 끌며 시선을 압도하는 조종사들도 보인다. 그리고 캐리어를 가지고 들뜬 표정으로 여기저기를 누비는 승객들로 가득하다. 저렇게 많은 사람들이 과연 어디로 가는 것일까?

우리나라의 경우 2018년 기준으로 15개 공항에서 1억 5천만여 명이 여행이나 해외 비지니스를 위하여 공항을 이용하고 있다. 이것은 불과 10여년 사이에 5천만명이 늘어난 숫자이다. 화물의 경우 국내 화물 수출입 금액의 약 30%인 3,444억 달러, 중량으로는 1,554천 t이 항공 화물을 통하여 처리되고 있다. 이처럼 공항은 전 세계의 사람들과 화물이 모이는 국가의 중요한 인프라이다.

또한 공항은 그 국가의 첫인상을 좌우하는 곳이므로, 나라의 전통과 안전, 편의를 고려하여 최첨단 시설로 건물을 지음으로써 관광객들에게 고유의 문화를 소개하고 다양한 서비스를 제공하고 있다. 인천국제공항의 경우 우리 문화유산의 가치와 우수성을 홍보하기 위해 증강현실AR과 가상현실VR 기술을 활용한 여러 전시와 공연을 선보이고 있다.

항공 여행이 대세인 시대. 오늘은 공항을 이용하는 수많은 사람 중에서 내가 그 주인공이 되어보자.

｜자료 001
인천국제공항에서의 국악 공연 모습. 현대의 공항은 점차 문화예술의 장으로 자리매김하고 있다.

공항은 국가중요시설로 관리한다

앞서 살펴본 바와 같이 공항은 사람과 화물이 모이는 국가 중요시설이자 관문으로써 불법출입국과 마약 밀수, 위험물이 탑재된 수하물 등 수많은 위험요소가 도사리고 있다. 따라서 공항은 「통합방위법」상 국가중요시설로 관리한다.[1] 또한 공항운영자는 「항공보안법」에 의거하여 항공기 이용승객, 승무원, 항공기 및 공항시설 등을 보호하기 위한 자체 보안계획을 수립해야 한다. 동 계획에는 공항시설경비대책, 보호구역 지정 및 출입통제, 승객의 휴대물품 및 위탁수하물에 대한 보안검색, 승객 일치여부 확인절차 등이 포함된다.

이에 따른 경비 강화를 위하여 공항에서는 공항경비 상황실을 운용하고 공항 외곽에 울타리를 설치하며, CCTV 등의 각종 감시카메라가 매일 24시간동안 작동한다. 또한 항공기의 보안를 위해 시시각각 담당자들이 순찰을 실시하며 터미널 내 제한구역이나 공공장소는 사복경찰이나 공항 보안요원이 공개적으로, 혹은 은밀하게 감시하고 있으며 쓰레기통, 계단, 화장실 등 폭발물을 숨길 수 있는 곳을 점검한다. 아울러 1986년에 발생했던 김포국제공항 폭탄테러[2] 이후

---

[1] 「통합방위법」 제1조에서는 "이 법은 적(敵)의 침투·도발이나 그 위협에 대응하기 위하여 국가 총력전(總力戰)의 개념을 바탕으로 국가방위요소를 통합·운용하기 위한 통합방위 대책을 수립·시행하기 위하여 필요한 사항을 규정함을 목적으로 한다." 라고 명시되어있다.

[2] 1986년 9월 14일에 김포국제공항 청사 앞에서 의문의 폭발물이 폭발하여 5명이 사망하고 30여 명이 중경상을 입은 사건이다.

우리나라의 모든 공항은 투명한 쓰레기통만 사용하도록 한다.

공항 내에 버려진 무주無主수하물에 대해서는 폭발물을 비롯한 기타 위험 물질이 있을 수 있다는 것을 공항 이용객에게 주지시켜 경찰이나 보안요원에게 신고할 수 있도록 하며, 건물의 창문은 대부분 강화유리나 이중유리로 설치한다. 공항 이용자에게는 수하물을 방치하지 않게끔 안내하고 타인으로부터 수하물 운송 부탁을 받지 않도록 하며, 부탁을 받았을 경우 즉시 항공사에 신고하도록 유도하고 있다.

공항은 국가안보 측면에서도 매우 중요한 곳이다. 공항에는 공항운영기관을 감독하는 국토교통부를 비롯하여 수많은 정부기관이 상주하고 있다. 마약, 불법 출입국, 밀수 단속 등을 위하여 경찰, 검찰, 소방, 세관, 검역, 병무, 외무, 검찰, 기무사, 국가정보원, 문화체육관광부 등 사실상 거의 모든 부처가 항공보안 및 국가안보를 위해 근무하고 있다. 그래서 공항은 '작은 정부'로도 불리운다.

공항 운영을 위한 공항운영증명

공항을 운영하기 위해서는 항공안전을 위하여 위험물 취급장, 공항운영절차 전반, 비상계획 및 구조·소방 등에 대한 적정성을 갖추어 공항운영증명Airport Operation Certificate을 국가로부터 받아야 한다. 대상은 국제공항과 공공용 비행장이다.

발급 절차는 ICAO 부속서 14[3]에 규정된 ▲활주로, 유도로, 착륙대, 표지판, 유지보수 장비 등의 공항 시설, ▲시설 유지보수, 계류장 안전관리, 마찰측정, 공항 비상계획 등의 운영규정, ▲공항안전 관리체계에 대한 현장검사, ▲각종 기준에의 적합 여부, ▲운영자의 업무수행능력 등을 종합적으로 판단하여 공항운영증명서를 교부한다.

'공항'과 '비행장'의 차이는 무엇일까

공항이란 항공기의 이착륙 및 여객화물의 운송을 위한 시설과 그 부대·지원시설을 갖춘 공공용 비행장을 뜻한다. 이에 비하여 비행장은 단순히 항공기가 이착륙하기 위한 시설로써 육상 비행장, 수상 비행장, 헬리포트heliport 등이 있다. 공항은 국제선 취항 여부에 따라 국제공항과 국내공항으로 구분된다.

공항의 주요시설은 ▲여객 및 화물터미널, 활주로, 관제탑, 주기장, 유도로 등 항공기의 운항에 직접적으로 관련되는 기본 시설과 ▲항공기 및 지상 조업, 항공기 점검 등을 위한 시설, 항공기 급유시설 및 유류의 저장관리시설, 항공화물을 보관하기 위한 지원 시설로 분류된다.

---

3 국제민간항공기구(International Civil Aviation Organization)에서 규정한 19개의 부속서 중 하나. 264페이지 참고.

또한 출입제한 여부에 따라 랜드 사이드Land side와 에어 사이드Air side로 구분된다. 랜드 사이드는 여행객이 공항에 도착해서 출국 수속을 받는 단계에서 접근할 수 있는 여객 터미널 등의 모든 지역을 포함하며, 에어 사이드는 일반인의 출입이 제한되는 활주로, 주기장, 유도로 등의 지역을 뜻한다.

공항에는 항공사 직원 외에도 항공기 지상조업체 직원 등 수만명이 근무하고 있다. 인천국제공항에는 320여개의 상주기업이 있고 7만여명이 종사한다.

2. 항공권 발권과 수하물 부치기

항공기 탑승객은 항공권을 예약하고, 공항의 항공사 카운터에서 여권을 통하여 탑승자 본인 여부를 확인한 후 탑승권을 수령한다. 항공사 직원은 탑승객에게 탑승권을 발부한 후 기내에 휴대하지 않는 물품을 위탁수하물로 처리한다.

그러나 요즈음에는 탑승권 발권에서부터 수하물 위탁, 보안검색, 출국심사에 이르기까지 대부분의 절차가 담당직원과의 대면 없이 자동화되는 추세이다. 탑승권은 항공기 출발 전에 좌석을 직접 지정할 수 있는 모바일 탑승권을 자택에서 출력하거나 공항의 키오스크kiosk에서 발권받고, 수하물의 경우에도 'Smart Bag Drop'이라고 쓰여진 자동 수하물 위탁기계를 통하여 처리할 수 있다.

인천국제공항의 경우 이른바 '스마트 공항 시대'를 열고자 노력하고 있는데, 그 중에서도 '수하물 No, 탑승권 No, 여권 No'를 표방하거나 터널형 보안검색을 실현하기 위해 여러 방법을 도입하고 있다.

우선 '수하물 No'인 '홈 체크인(셀프 백드랍 self-bag-drop) 서비스'의 경우 공항이 아닌 자택 등에서 수하물을 위탁하고 전자 탑승권을 발급받을 수 있으며, 수하물이 택배를 통해 공항으로 배송되기 때문에 여행객은 수하물 걱정 없이 공항에 도착하여 보안검사와 출국심사만 받으면 된다. 해당 서비스는 현재는 운영하지 않고 있으나 향후 보안성을 검토하여 도입을 추진할 예정이다.

그리고 '탑승권 No', '여권 No'인 '스마트 패스 서비스'는 사전 등록한 안면인식 정보가 탑승권이나 여권 등의 종이 서류를 대체하는 것으로 지문, 얼굴 등 정부기관이 관리중인 생체정보를 활용해 별도의 사전등록과정 없이 전 국민이 '스마트 패스'하는 것을 말한다.

추가적으로 터널형 보안검색 역시 도입을 논의중인데, 현재와 같이 신체검색과 소지품 검색을 별도로 하는 것이 아니라 짐과 함께 터널을 통과하기만 하면 보안검색이 자동으로 완료되기 때문에 여객의 불편함이 감소되고 공항의 보안관리도 한층 강화될 것으로 전망된다.

기내반입 제한 물건은?

　기내 반입 물품은 가로 55cm, 세로 40cm, 높이 20cm로 각 길이의 합이 115cm 이하여야 하며, 무게 10kg 이내인 것에 한해서만 기내 반입이 허용된다. 또한 휴대물품 중 기내반입시 승객의 생명과 안전에 위협이 될 수 있는 물품인 총포류, 총 모양의 장난감, 도검류, 흉기류, 공구류, 가위, 가연성 스프레이, 부탄가스, 다량의 라이터 또는 라이터 기름과 같은 물품들은 여객의 안전을 위해 절대 반입해서는 안된다.
　기내 반입이 제한된 물품은 다음과 같다.

| 자료 002
기내 반입 제한 물품

액체류

▶ 기내반입
＞ 액체, 분무류, 겔류 형태의 음료, 위생용품, 욕실용품, 의약품류 등은 국제선에 한하여 개인별 100ml 이하 용기만 가능하며, 최대 용량은 1L(100ml×10개)까지 가능
▶ 단, 최대 용량은 1L(20.5cm x 20.5cm, 25cm x 15cm 또는 이와 동등한 크기)를 초과하지 않는 지퍼백에 담아야 반입 가능

액체류 음식

- 기내반입: 고추장, 김치 등 액체가 있는 음식물은 100ml 초과시 기내 반입 금지. 단, 마른 반찬은 용량 제한 없이 기내 반입 가능
- 위탁 수하물: 용량 제한 없이 가능

위해 물품

▶ 창, 도검류, 칼 등
> 기내반입 절대 불가, 위탁수하물로는 가능
> 단, 날카롭지 않은 플라스틱 칼, 둥근 날을 가진 버터 칼, 안전날이 포함된 면도기, 안전면도날, 전기면도기 및 기내식 전용 나이프(항공사 소유)는 객실 반입 가능

▶ 전자충격기, 총기, 무술 호신용품 등
> 기내반입 절대 불가, 위탁수하물로는 가능
> 단, 위탁수하물로 반입할 경우, 해당 항공운송사업자에게 총기 소지 허가서 또는 수출입 허가서 등 관련 서류를 확인시키고, 총알과 분리한 후, 단단히 보관함에 넣은 경우에만 가능하며 총기류 부품 중 조준경은 객실 및 위탁수하물 반입 가능

▶ 공구류(망치, 렌치 등)
> 망치, 렌치 등 사람에게 심각한 상해를 입히거나 항공안전을 위협하는데에 사용될 수 있는 공구류는 기내 반입 불가. 단, 드라이버, 끌 등 무기로 사용될 수 있는 손잡이를 제외한 금속의 길이 6cm 이하는 반입 가능
> 위탁수하물로는 모든 공구류 반입 가능

위험물

▶ 리튬이온배터리 등
> 기내반입 가능, 위탁수하물로는 반입 불가
> 여분 배터리 100Wh 이하: 1인당 5개 이내 가능, 6개 이상 반입시 항공사 승인 필요
> 여분 배터리 100Wh 초과 - 160Wh 이하: 1인당 2개 이내 가능
> 여분 배터리 160Wh 초과: 반입 불가

▶ 인화성 가스 액체, 방사능 물질 등
> 기내반입 및 위탁수하물 모두 반입 불가
> 리튬이온배터리는 위탁수하물로는 부칠 수 없으며, 기내 반입만 가능

이런 물건, 수하물로 부칠 수 없다

폭발성 물품, 인화성 물품, 외환 등의 밀반출 물품, 문화재 등의 불법 물품은 위탁수하물로도 탑재할 수 없다. 위탁수하물 중 세관반출신고가 필요한 경우에는 수하물 규격 초과 카운터 지역의 세관 신고대에서 신고해야 하며, 대형수하물은 대형수하물 전용카운터에서 위탁 처리해야 한다.

수하물의 처리 기준은 다음과 같다.

- 위탁수하물: 가로 90cm, 폭 45cm, 높이 75cm, 무게 50kg 이내
- 대형수하물: 가로 120cm, 폭 75cm, 높이 75cm, 무게 70kg 이내

그리고 다른 사람이 부탁한 수하물 등 본인의 물품이 아닌 경우에는 수하물 내부에 존재할 위해·불법 물품 등으로 인해 기내 안전에 위협이 될 수 있으므로 절대로 항공기에 탑재해서는 안된다.

3. 출입국 심사와 보안검색

탑승권을 받은 후에는 출입국 수속을 받아야 한다.
출입국 심사와 보안 검색에는 항상 신경이 쓰인다. 혹시 내 캐리

어에 기내반입이 금지되어있는 물품은 없을까?

영화 「기생충」의 배우 박소담씨가 JTBC에 출연해 미국 아카데미 시상식 참석후 귀국하며 생긴 일화를 소개한 적이 있다. 박씨가 공항 검색대에서 붙잡혔는데, 검색대 직원이 트로피를 무기로 오해하였다가 포장을 열어보니 트로피인 것을 보고서는 아무런 말없이 트로피를 다시 열심히 싸라고 해서 웃음을 자아냈다고 한다.[4]

모든 승객은 보안검색에 협조하여야 한다

「항공보안법」에서는 항공기 탑승 전에는 공항 운영자로 하여금 승객 전원에 대해 보안검색을 하도록 규정하고 있다. 이에 따라 모든 출국자는 출국장 입구에 들어선 후 여권과 탑승권 등 여행 관련 서류를 보안검색요원에게 제출하고, 출국시 1만달러를 초과하는 외화나 원화 등의 지급수단, 입국시 다시 반입할 고가의 물품, 그리고 관련 법령에서 반출을 제한하는 총포나 도검 등에 대해 세관반출신고를 해야 한다. 세관에 신고할 내역이 없거나 신고가 끝나면 보안검색대에서 보안 검색을 받는다.

보안검색대에서는 검색요원의 안내에 따라 질서를 유지하며, 대기선에서 순서대로 휴대물품을 X‑ray 검색장비 컨베이어 벨트 위

---

4 이유나, "박소담 '기생충'팀 오스카 트로피 공항 검색대에 걸려", 조선일보, 2021년 12월 4일 접속,

에 올려놓고 소지품은 바구니에 넣은 후 문형금속탐지기를 통과하게 된다.

보안검색을 거부할 수 있을까? 그렇지 않다. 「항공보안법」에서는 누구든지 공항에서 보안검색 업무를 수행 중인 항공보안검색요원이나 보호구역에의 출입을 통제하는 요원에 대하여 업무를 방해하는 행위, 폭행 등 신체에 위해를 주는 행위를 하여서는 안된다고 규정하고 있다.[5]

보안검색요원

보안검색요원은 안전한 비행을 위해 금속탐지기로 승객의 몸을 검색하고 항공기 탑승시 휴대할 수 있는 물품을 X-ray로 면밀히 살피는 등 항공기와 승객의 안전을 최일선 현장에서 책임지고 있는 사람으로, 공항의 안전 책임자라 불리기도 한다. 이들은 경찰관 등의 공무원 신분은 아니지만 별도의 제복을 착용하고 근무한다.

보안검색요원은 인천국제공항에 950여 명, 한국공항공사가 운영하는 김포국제공항, 김해국제공항, 제주국제공항 등 전국 14개 공항에 650여 명이 근무하고 있다. 또한 대한항공과 아시아나항공 등의 항공사에서도 기내 및 화물 검색을 위해 200-300여 명을 고용

---

5 「항공보안법」 제 15·16·17조

하고 있다. 국내 전체적으로는 약 2,500명 정도의 보안검색요원이 있다.

▲ 원형검색장비　　　▲ 엑스선검색장비

▲ 문형금속탐지기　　　▲ 휴대용금속탐지장비

| 자료 003
공항 검색대에서 사용하는 검색 장비들

4. 탑승 게이트에서의 마지막 검색

탑승 게이트는 항공사 직원들이 항공권과 탑승객 본인 여부를 확인하는 장소이다. 사실상 마지막 보안검색이므로 항공사는 항상 신경이 쓰인다. 매우 드문 경우이지만 항공사 직원의 실수로 항공권과 다른 사람이 탑승하는 바람에 전 승객이 내리는 경우도 있다. 항공권 소지자를 정확하게 판별하지 못하면 운항 중에 회항하여 승객들에게 큰 불편을 야기할 수 있으므로 철저한 검색이 필요하다.

그런데 항공권만 있다면 모두 탑승할 수 있을까? 그렇지는 않다. 본인이 정당한 여권과 항공권을 소지하였다고 해도 ▲보안 검색을 거부하는 사람, ▲음주로 인하여 소란 행위를 하거나 할 우려가 있는 사람, ▲항공 보안에 관한 업무를 담당하는 국내외 국가기관 또는 국제기구 등으로부터 항공기의 안전운항을 해칠 우려가 있어 탑승을 거절할 것을 요청받거나 통보받은 사람, ▲그 밖에 항공기의 안전운항을 해칠 우려가 있어 국토교통부령으로 정하는 사람은 탑승을 거부당할 수 있다.

실수로 다른 승객을 탑승시킨 사례는 2015년 3월에 홍콩에서 출발해 인천으로 오던 항공기가 예약자가 아닌 다른 사람을 태우는 바람에 1시간 만에 긴급 회항한 사건을 예로 들 수 있다.[6]

---

[6] 서정표, "아시아나 '항공권 바꿔치기' 회항 …100달러씩 보상", MBN뉴스, 2021년 12월 4일 접속,

항공기 탑승 후 승객이 내리게 해줄 것을 요청한다면?

간혹 항공기에 탑승한 직후, 또는 항공기의 출입문이 닫히고 이륙을 위해 활주로로 이동하는 도중에 항공기에서 내리게 해달라는 요구를 하는 승객이 있다. 이렇게 비행기에 탑승한 뒤 승객이 갑자기 내릴 것을 요구하는 것을 항공용어로 '자발적 하기下機'라고 한다. 자발적 하기는 대개는 건강상의 이유로 일어나지만, 일행과의 합류, 분실된 소지품 찾기, 좌석에 대한 불만족, 숙취, 일행과의 다툼 등에 의해서도 발생한다.

이륙을 앞둔 항공기에서 승객이 갑자기 하기하게 되면 「항공보안법」에 따른 여러 조치를 취하는 과정에서 항공 일정이 크게 지연돼 승객들과 항공사는 적지 않은 손해를 입게 된다. 이럴 때는 어떻게 대처해야 할까. 원칙적으로는 이를 허용하지 않지만, 간혹 항공사가 승객을 배려하는 차원에서 요청을 들어주기도 한다. 그러나 다른 승객들에게 큰 피해를 주는 일인 만큼 승객들도 막무가내로 이러한 요구를 하면 곤란하다.

탑승한 승객을 내리게 하면 내린 탑승객이 폭발물 등의 위험물을 기내에 감춰두는 등 항공 테러를 당할 우려가 있으므로 공항과 항공사는 보안 검색을 위해 다른 탑승객을 하기시켜야 하고, 탑승객은 모두 각자의 소지품 및 휴대 수하물과 함께 내려야 한다. 이후 보안 관계직원과 승무원들이 위험물을 검색하고, 이상이 없을 경우에야 승객들의 재탑승이 이뤄지게 된다.

　이러한 보안검색 과정을 거치게 되면 국제선은 적어도 2시간, 국내선은 1시간 정도 지연될 수밖에 없고, 다른 승객의 일정에도 문제가 생기는 등 유무형의 막대한 피해가 발생하게 된다. 항공사 역시 재운항을 위한 급유, 승객과 수하물의 재탑재로 인한 지상조업 비용 및 인건비 지출 등 운항 지연에 따른 추가 비용이 발생하게 된다.

제 2장
공항의 주요 시설

1. 항공기의 안전사령탑, 관제탑

　공항에 가면 항상 볼 수 있는 것이 관제탑이다. 넓은 공항 부지에 우뚝 세워져있는 관제탑은 매우 중요해보이고, 이곳에 근무하는 사람들 역시 멋지게 보인다. 공항을 한눈에 내려다 볼 수 있는 곳이기도 하니 가끔씩 올라가고 싶을 때도 있다. 그러나 관제탑은 보안구역으로 출입자를 엄격히 통제하고 있다.
　관제탑은 하늘의 경찰이라고 불리우는 관제사가 근무하는 곳이다. 관제管制의 의미가 '관리하고 통제한다'는 뜻이니, 관제탑은 항공기의 운항을 관리하고 통제하는 곳이다.
　관제탑의 주요 임무는 항공기의 이착륙을 허가하는 것이다. 여러 대의 항공기가 대기중이거나 비행중일 때 이착륙 순서를 조정해주고, 어느 활주로를 사용할지를 선정해주며, 공항내 장애물과 항공기 간의 충돌 방지 업무도 수행한다. 그 이외에도 활주로 부근의 풍향, 풍속, 시정visibility, 비, 눈, 구름의 높이 및 크기 등의 하늘 상태, 기온, 기압 등의 기상정보를 항공기상 관측기관으로부터 입수하여 조종사 들에게 제공함으로써 이착륙시 이를 참조하도록 하고, 이착륙 하는 항공기의 정상 비행 여부를 감시한다.

만약 사고가 발생하면 소방차와 구급차를 즉시 출동시키고 다른 항공기의 이착륙을 통제하기도 한다. 또한 공항에 설치된 많은 항행 안전 무선시설의 정상작동 여부를 감독하고, 활주로와 유도로誘導路 에 설치된 등화시설을 작동시켜 야간에도 조종사가 활주로와 유도 로를 쉽게 알아볼 수 있도록 하는 등 관제탑은 하루 24시간 분주하 게 다양한 업무를 수행한다.

| 자료 004
인천국제공항 관제탑.
높이 100.4m, 지상 22층, 지하 2층의 규모
인천공항의 상징적 건물이다.

공항의 관제업무가 늘어나면서 공항관제탑과 별도로 항공기가 이륙하기 전에 주기장에서 유도로로 이동하거나, 착륙한 항공기가 유도로를 거쳐 계류장 내 주기장으로 이동할 때 다른 항공기나 차량과 지상충돌하지 않도록 안전하게 인도하는 역할을 맡고 있는 계류장관리탑Ramp/Apron Control을 두는 곳이 늘어나고 있다.

공항을 벗어나면 관제는 누가?

관제 업무는 항공기가 출발지 공항에서 이륙한 지점으로부터 공항을 중심으로 반경 약 9.3㎞까지, 고도는 지상으로부터 약 3,000내지 5,000ft까지는 공항관제탑에서 담당한다.

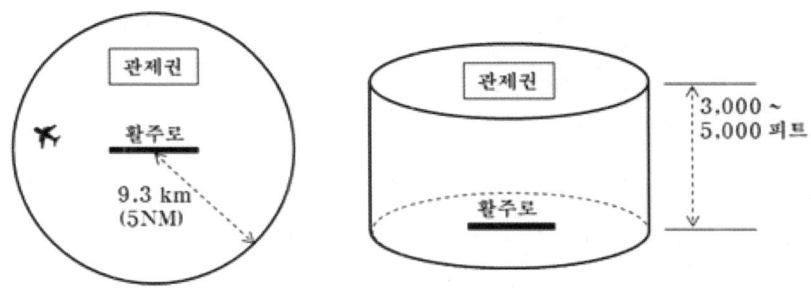

| 자료 005 관제권의 범위

그 후에는 지역에 따라 다소 차이는 있으나 고도 약 22,000ft에

---

7 계류장(apron)은 비행장 내에서 여객의 승하기·화물·우편물의 적재 및 적하, 급유, 주기, 제·방빙 또는 정비 등의 목적으로 항공기가 이용할 수 있도록 설정된 구역을 말한다.

도달할 때까지는 접근관제소에서, 그리고 항로를 따라 순항할 때에는 항공교통관제소에서 관제를 한다.

우리나라에는 전역에 14곳의 접근관제소가 있다.

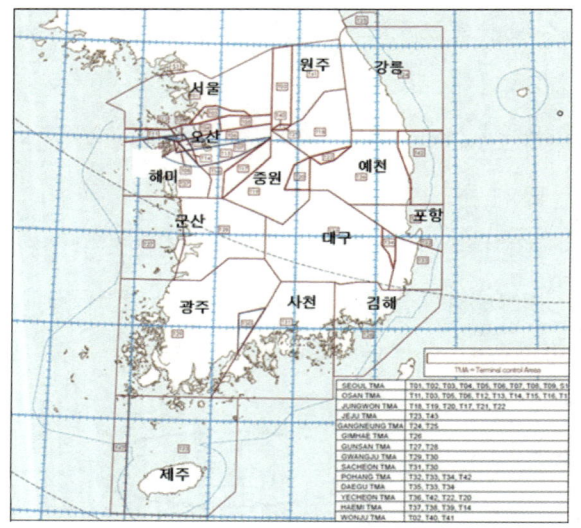

| 자료 006
국내의 접근관제구역

우리나라의 항공교통관제소는 대구와 인천의 두 곳에 있다. 대구항공교통관제소는 대구국제공항 동쪽에, 인천항공교통관제소는 인천국제공항 내에 위치하고 있다.

항공교통관제소에서는 약 43만㎢에 달하는 우리나라 관할 비행정보구역FIR; Flight Information Region 내에서 비행하는 2,200대 이상의 국내선 및 국제선 항공기 조종사(1일 기준)에게 1일 24시간 항로와 비행고도를 배정하고, 최첨단 레이더와 무선통신장비를 이용하여 항공기간 적정 안전거리를 유지하도록 조종사에게 관제지시를 하여 항공안전 확보와 항공교통 질서를 유지시킨다. 또한 비행중인 조종사에게 기상상태나 공항여건 등 비행정보를 제공하고 조난항공기 발생시 수색구조업무를 지원하며, 공군의 방공임무수행에도 협조하는 한편 국가공역(인천FIR)을 관리한다. 아울러 일본, 중국 및 북한의 관제기관과 관제협정을 체결하고, 관제직통 통신망을 설치하는 등의 관제업무 협조도 수행하고 있다.

항공교통관제소는 1952년 7월에 미국 공군이 대구에 중앙항로관제소를 최초로 설치한 것을 1958년 1월부터 우리나라 공군이 인수받아 운영한 것이 시초이다. 이후 세계적인 추세 및 증가하는 항공교통량을 국방부(공군) 체제만으로는 감당하기 어려워 1995년 3월 건설교통부가 인수하여 항공교통관제소로 운영하다가 2001년 8월에 청사를 인천국제공항 내로 이전하였고, 2017년 5월 국토교통부 항공교통본부로 확대·개편되면서 그 산하의 대구 및 인천 항공교통관제소로 분할되어 오늘에 이르고 있다. 또한 점점 증가하는 항공교통량의 원활한 처리를 위해 2018년 1월 항공교통본부 내에 항공교통통제센터를 설치하여 공항 및 항로별 항공교통흐름관리 Air Traffic Flow Management 업무도 수행하고 있다.

◀ | **자료 007**
항공교통관제소 직원들의 근무 모습

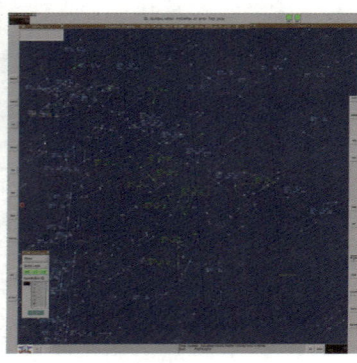

| **자료 008** ▶
항공교통관제소의 레이더 화면

관제사와 조종사의 교신 방법

관제사와 조종사가 교신하는 방법은 크게 두 가지가 있는데, 하나는 무선전화를 이용한 음성통신이고 다른 하나는 디지털통신에 의한 문자통신이다.

음성통신을 하는 관제사는 주로 마이크와 이어폰이 연결된 헤드셋을 착용하고 그 전선에 부착된 작은 스위치를 사용하는데, 송신할 때는 그 스위치를 누른 후 말을 하고,[8] 스위치를 놓으면 자동으로 수신상태가 된다. 교통량이 많을 때는 그 스위치를 몇 초에 한 번 정도 계속 누르고 놓는 것을 반복하게 된다. 이런 관제사를 멀리서 보면

---

8 그러면 그 말이 케이블을 통해 송신소에 있는 송신기를 거쳐 안테나에서 117.975㎒ 내지 132㎒의 주파수 중 지정된 주파수의 전파로 만들어져 30㎞ 이상 사방으로 송신되며, 그 범위내에 있는 모든 항공기의 조종사가 그 말을 듣게 된다.

마치 혼잣말을 하는 것처럼 보인다.

　최근에는 먼 곳에서 비행중인 조종사와의 교신을 위해 인공위성을 이용한 음성통신방식이 이용되고 있다. 이 방식을 사용하면 항공기와의 이격 거리에 관계없이 조종사와 교신할 수 있다.

　데이터 통신의 경우 SSR Secondary Surveillance Radar Mode S, VDL VHF Digital Link 등을 이용하여 관제사와 조종사가 교신하는데, 음성이 아닌 문자통신 방식이므로 영어 발음이나 청취 상의 오류가 없는 비교적 정확하고 편리한 통신방식이다.

　ICAO에서는 관제사와 조종사 간의 모든 통신에는 일부 특수한 경우를 제외하고는 영어를 사용하도록 규정하고 있다. ICAO의 공용어로는 영어, 불어, 스페인어, 러시아어, 아랍어, 중국어 등 6개가 정해져 있지만, 국가 간 운항이 활발하고 수많은 언어권의 사람들이 관제사와 조종사로 근무하고 있는 상황에서 관제사와 조종사 간의 원활한 의사 소통을 위해서는 단일 언어의 사용이 필수적이기 때문이다.

　그런데 관제사와 조종사 간의 무선통신을 잘 들어보면 약간 특이한 부분이 있다. 일반적으로 긍정이나 부정의 뜻을 나타낼 때에는 'YES' 또는 'NO'라고 말하지만, 관제사와 조종사 간 음성통신에서는 'YES' 대신에 'AFFIRMATIVE(어프머티브)', 그리고 'NO' 대신에 'NEGATIVE(네거티브)'라고 발음한다. 실제 'YES'를 그대로 발음하면 '예스'인데 이것을 무선 통신으로 들으면 상황에 따라서는 '에스, 어스, 예스, 아스, 예, 어즈' 등으로 들릴 수 있고, 'NO' 역시 실제 '고, 노, 도, 로, 모, 보, 소, 오, 조, 호'와 같이 들릴 수 있기 때문이다. 또한 영어 알파벳 'B'를 '비'로 발음하면 이를 무선통신으로 듣는 사람에게는 '비, 씨, 디, 이, 지, 피, 티'등으로 들릴 수도 있다.

따라서 알파벳 'A, B, C, D, E, F' 등도 '에이, 비, 씨, 디, 이, 에프'가 아닌 '알파(ALFA), 브라보(BRAVO), 찰리(CHARLIE), 델타(DELTA), 에코(ECHO), 폭스트롯(FOXTROT)'등으로 발음하고, 숫자 '1, 2, 3, 4, 5' 등도 '운(WUN), 투(TOO), 트리(TREE), 포우어(FOWER), 파이프(FIFE)' 등으로 발음해야 한다. 이는 무선통신시 발음 및 청취상의 잘못으로 인한 오류를 방지하기 위한 것이며, 그 이외에도 특별한 발음방법을 많이 사용하고 있다.

전 세계 관제사와 조종사들이 이러한 방식으로 발음하기 때문에 영어권 발음이 다소 부족한 국적의 조종사가 하는 말이라도 한국인 관제사가 잘 알아듣게 된다. 우리나라의 항공기 조종사가 러시아 공역에서 비행할 때 러시아 관제사의 말을 잘 알아듣지 못해 사고가 발생되는 일은 없는 것이다.

아래 내용은 어느 날 인천국제공항을 출발하는 홍콩 항공사 캐세이퍼시픽Cathay Pacific Airways Limited의 항공기를 주기장에서 유도로까지 안전하게 이동시키기 위해 계류장관제탑의 관제사와 조종사가 서로 주고받은 대화 내용을 옮긴 것이다.

❖ 계류장관제탑/항공기조종사 교신 사례

"CPA421, RAMP CONTROL, Taxi to spot 4E via R7."
(캐세이 421편, 여기는 계류장관리소, 4E 지점까지 유도로 R7을 이용해 지상활주하라.)
(*계류장관제탑 근무자 지시)
"RAMP CONTROL, CPA421, Spot 4E, via R7."
(계류장관제탑, 여기는 캐세이 421편, 4E 지점까지 유도로 R7을 경유해 이동)
(*조종사 복창)
"RAMP CONTROL, CPA421, Approaching spot 4E."
(계류장관제탑, 여기는 캐세이 421편, 4E 지점에 접근하고 있음.)
(*조종사 보고)
"CPA421, RAMP CONTROL, CONTACT GROUND CONTROL ON 121.75"
(캐세이 421편, 여기는 계류장관제탑, 관제탑 지상관제석 주파수 121.75로 교신하라.)
(*계류장관제탑 근무자 지시)

다수의 항공기가 뜨고 내리는 방법

동일한 활주로에서 여러 대의 항공기가 이착륙할 경우 각 항공기들은 일정한 안전간격을 유지해야 한다. 그 기본원칙은 다음과 같다.

- ▶ 2대의 항공기가 연속 이륙할 경우
- \> 선행 항공기가 이륙하여 활주로 말단runway end을 통과하거나 선회한 후 후행 항공기가 이륙활주를 시작
- ▶ 한 대의 항공기가 먼저 착륙한 후 다른 항공기가 이륙할 경우
- \> 착륙한 항공기가 활주로를 빠져나온 후 항공기가 이륙활주를 시작
- ▶ 두 대의 항공기가 연속 착륙할 경우
- \> 선행 항공기가 착륙하여 활주로를 빠져나온 후 후행 항공기가 활주로시단runway threshold을 통과
- ▶ 한 대의 항공기가 먼저 이륙 후 다른 항공기가 착륙할 경우
- \> 이륙 항공기가 활주로 말단을 통과한 후 착륙 항공기가 활주로 시단을 통과

이를 종합하면, 일부 예외가 있지만 원칙적으로 한 개의 활주로 상에서 한 대의 항공기만 움직일 수 있다는 것이다.

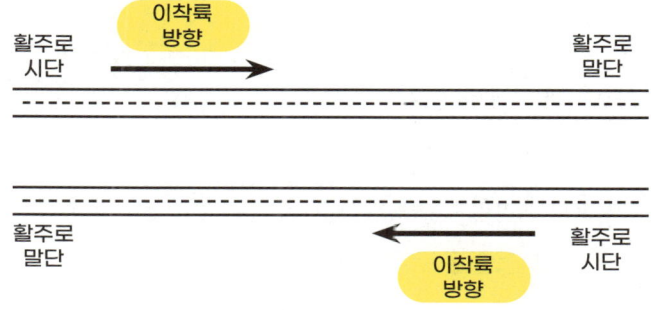

| **자료 009** 활주로의 시단과 말단

항공기간 통행의 우선순위

항공기가 통행할 때에는 국제적으로 정해진 통행 우선순위를 따라야 한다. 그 우선순위는 아래와 같다.

- 유사한 기능의 두 항공기가 서로 마주보며 접근할 때는 서로 기수를 오른쪽으로 꺾어야 한다.
- 항공기가 서로 수렴收斂할 때는 다른 항공기를 우측으로 보는 항공기가 그 항공기에게 진로권을 양보해야 한다.
- 착륙 중인 항공기는 항상 우선권을 갖는다. 운항 중인 항공기는 착륙 중이거나 착륙하기 위하여 최종 접근 중인 항공기에 진로를 양보해야 한다.
- 착륙을 위해 비행장에 접근하고 있는 항공기가 여러 대일 경우는 높은 고도에 있는 항공기가 낮은 고도에 있는 항공기에게 진로를 양보해야 한다.

2. 하늘길의 시작, 활주로

항공기가 이착륙하게 되는 활주로runway는 공항에서 가장 중요한 시설이다. 활주로에 균열이 가거나 표면이 심각하게 손상되면 항공기 이착륙이 금지될 수밖에 없다. 이물질로 인해 바퀴에 문제가 생기기도 하고, 노면路面이 미끄러울 경우에는 항공기 사고로 이어질 수 있다. 따라서 활주로 관리는 공항 당국의 매우 중요한 업무 중 하나이다.

1) 활주로의 길이와 강도

활주로의 길이는 그 활주로에서 이착륙할 항공기의 종류에 따라 달라진다. 63t의 무게로 이륙하는 B737-800 기종의 경우 1,510m가 소요되고, 최대이륙중량인 360t의 무게로 이륙하는 B747-400 기종은 2,819m가 요구된다. 그런데 활주로의 기온이 상승하거나, 표면이 빗물에 젖어있거나, 결빙 현상이 발생하면 더 긴 활주로가 필요하기 때문에 활주로를 건설할 때에는 통상 운항할 항공기 종류별 소요 활주로 길이보다 더욱 여유를 두어 건설한다. 물론 그만큼 추가되는 건설 비용을 감수해야 한다.

또한 항공기는 이륙시의 중량이 착륙시보다 더 무겁기 때문에 이

류할 때는 더욱 긴 활주로를 필요로 한다. 따라서 활주로 길이는 이륙시 요구되는 길이만으로 계산한다.

그리고 활주로 길이는 정풍正風이 클수록 짧으며, 반대로 배풍背風이 클수록 길어야 한다. 고온에서는 공기밀도가 낮아서 엔진의 추진력이 감소됨에 따라 상승력도 감소되므로 온도가 높을수록 더 긴 활주로가 필요하다. 다른 요인이 모두 같다면 비행장의 표고標高가 높을수록 대기압大氣壓이 낮아져서 마찬가지로 더 긴 활주로를 요한다.

아래 표는 국내 주요 공항별 활주로의 길이와 폭이다.

공항 명칭	활주로 번호	활주로 길이 X 폭 (m)
인천	15L/33R	3,750 × 60
	15R/33L	3,750 × 60
	16L/34R	4,000 × 60
	16R/34L	3,750 × 60
김포	14R/32L	3,200 × 60
	14L/32R	3,600 × 45
제주	07/25	3,180 × 45
	13/31	1,900 × 45
김해	18R/36L	3,200 × 60
	18L/36R	2,743 × 46

| 자료 010
국내 주요 공항별 활주로의 길이 및 폭

인천공항의 활주로 포장 두께는 105cm이다

활주로의 포장 강도는 항공기가 그 활주로 상에서 이륙하거나 착륙할 때 활주로가 견딜 수 있는 정도를 말하는데, 항공기는 매우 무거우므로 활주로의 표면 강도는 고속도로보다 훨씬 높아야 한다.

국토교통부에서 고시한 비행장 시설 설치기준에는 '활주로 포장은 해당 비행장을 이용하는 항공기의 하중에 의해 손상되지 않을 정도의 품질과 두께를 지녀야 한다'고 되어있다. B747등의 대형 여객기가 운항되는 인천국제공항의 경우 활주로의 두께가 105㎝ 가량이다.

활주로는 일반적으로 최하단으로부터 보조기층 35㎝, 쇄석碎石기층 35㎝, 안정처리층 20㎝, 표층 15㎝로 이루어져있으며 표층은 다시 하부중간층 9㎝, 상부 마모층 6㎝로 구성된다. 표층은 가열아스팔트 혼합물로 만들어져 항공기의 하중을 분산시켜 밑의 층으로 전달하는 기능을 하여 쉽게 미끄러지지 않고 쾌적한 주행이 될 수 있으며, 또한 빗물이 하부에 침투하는 것을 방지해주기도 한다.

2) 활주로는 주 풍향과 같은 방향으로 배치된다

항공기가 활주로에서 이착륙할 때 잘 관찰해보면 활주로 끝에 '16L', '34R'과 같은 기호들이 표시된 것을 볼 수 있는데, 이것이 활주로 이름이다. 여기서 숫자 34는 활주로가 놓여있는 방위각이 340°라는 의미이고, 활주로 2개가 평행으로 설치되어있을 경우에는 좌/

---

9 참고로 차량 통행량이 많은 경부고속도로 등 간선 고속도로의 포장 두께는 40㎝이며, 기타 고속도로가 30㎝, 일반 국도가 약 25 - 30㎝이다. 영종, "활주로 포장두께는 105㎝, 경부고속도로는 40㎝", 영종의 항공이야기(블로그), 2021년 12월 4일 접속, :

| **자료 011** 2024년 구현 예정인 인천국제공항의 조감도

우를 구분해 이름을 붙여서 '16L/34R', '16R/34L'등이 된다. 예를 들어 16L의 경우는 방향이 160°이고 서로 평행으로 설치되어있는 두 개의 활주로 중 좌측에 있는 활주로임을 의미한다.

    활주로의 방향은 기상을 고려하여 설정하게 되는데, 특히 바람의 분포와 안개 발생에 의한 활주로 이용률, 주변의 공역 이용현황 등이 큰 영향을 미친다. 활주로는 다른 요인이 허용하는 범위 내에서 주(主) 풍향과 같은 방향이어야 하며, 측풍을 고려하여 항공기의 활주로 이용률이 최소 95% 이상이 되도록 설계되어야 한다.

| **자료 012**
인천국제공항의 제4활주로

3) 활주로의 관리

타이어 찌꺼기 제거와 폭염시의 살수 작업

항공기의 타이어는 착륙할 때의 어마어마한 무게와 속도 때문에 활주로에 닿는 순간 마찰로 인해 표면 온도가 통상 150 - 250°에 이르게 되고, 타이어가 이를 견디지 못해 녹아내리게 된다. 그 후 활주로에는 타이어 찌꺼기가 눌러붙게 된다. 만약 활주로에 눌러붙은 타이어 찌꺼기를 제거하지 않으면 어떤 문제가 생길까.

활주로는 중앙 부분이 약간 높은데, 중앙의 좌우방향(진행방향과 직각)으로 그루빙Grooving이라 불리는 작은 도랑들이 많이 파여져 있다. 이 그루빙은 항공기가 착지할 때 타이어와 활주로 표면과의 마찰력을 늘림으로써 미끄럼을 방지하여 제동거리를 단축시키고, 비가 내리거나 눈이 녹았을 때 신속한 배수가 가능하게끔 하여 수막水膜현상을 방지하는 역할을 한다. 이 그루빙에 타이어 찌꺼기가 쌓여 빗물이 빠지지 않으면 바퀴와 활주로 사이에 수막이 형성되어 활주 중인 항공기가 미끄러지는 위험한 상황이 발생할 수 있다.

이 때문에 주기적으로 활주로를 청소해야 하는데, 지금까지는 화학세제나 강풍을 이용한 숏 블라스팅shot blasting 방식을 사용했으나 최근에는 환경문제 등으로 인해 특수회전 분사장치를 활주로 표면에 밀착시켜 초고압수를 분사하는 고압살수 Water blasting/Water Jet 방식을 도입하고 있다. 강력한 물줄기를 분사하는 워터젯 기능이 탑재된 차량이 동원되어 고압의 물줄기를 통해 활주로 홈에 박힌 고무 찌꺼기를 빼낸 뒤 이를 다시 빨아들이는 방식으로 청소를 하는 것이다.

각 공항은 국토교통부에서 고시한 「공항운영규정」에 의거하여 위와 같은 방식의 고무 제거작업을 주기적으로 실시하고 있다. 고무 제거작업은 인천국제공항의 경우 동 규정의 제38조인 '활주로의 고무제거 규정'에 명시된 항공기 착륙 횟수에 따라 해당연도 작업계획을 사전에 수립하고, 대형항공기의 착륙빈도가 20% 이상일 경우 작업주기를 상향 조정하도록 한다. 또한 활주로 마찰측정장비 SFT Vehicle 의 마찰측정값이 최소마찰수준 MFL; Minimum Friction Level 이하일 경우에는 작업을 추가로 실시한다.

한편, 폭염시에 기온상승으로 활주로 포장면이 팽창하게 되면 포장 손상이 발생하는 쇼빙 shoving 현상이 발생하는데 이것 역시 항공기의 운항에 차질을 줄 수 있다. 한여름의 활주로는 지구상에서 가장 더운 아프리카 사하라 사막의 섭씨 50°보다 더 뜨거운 섭씨 55°에 달한다. 따라서 공항당국은 주기적으로 살수작업을 실시한다.

활주로 살수는 하루 중 기온이 가장 높은 13 - 16시 사이에 관제기관과의 협의를 통해 항공기의 운항에 지장을 주지 않는 때에 15분가량 하루 2차례 진행한다. 살수작업에 투입되는 장비는 인천국제공항의 경우 소방대의 특수 소방차 4대와 살수차 4대로, 1회당 약 10만L(100t) 규모의 중수重水를 살포한다. 살수 작업을 하게 되면 활주로 포장표면의 온도가 약 13℃가량 낮아지는 효과가 있다.[10]

자료 013
인천국제공항의 살수차가 살수 작업을 실시하고 있다.

주기적인 마찰 측정

공항 운영자는 활주로의 미끄러운 정도나 마찰 상태를 주기적으로 측정·평가해야 한다. 마찰 측정은 일반적으로 다음과 같은 상황에서 이루어진다.

---

10 영종, "활주로 고무퇴적물 제거작업", 영종의 항공이야기(블로그), 2021년 12월 4일 접속,

- 활주로가 신설되었거나 재포장된 경우
- 활주로의 마찰 상태가 공항안전운영기준에서 정한 최소 마찰 수준 이하로 떨어지는 경우
- 활주로 상의 눈, 진창눈slush, 얼음과 서리, 물 등 특수한 상황으로 인하여 활주로의 마찰상태가 영향을 받을 때
- 조종사, 항공사, 항공교통업무기관 등이 요청할 경우

활주로의 작은 이물질, 초대형 사고로 이어진다

차량이 오가는 일반 도로에서는 작은 돌멩이나 이물질이 떨어져 있더라도 이동수단의 운행에 큰 지장이 없지만, 공항 활주로에서는 치명적인 사고를 발생시킬 수 있다.

활주로 이물질, 즉 FODForeign Object Debris는 활주로나 계류장 등에 떨어져있으면 사고의 원인이 될 수 있는 것으로, 활주로 포장면 자체의 노후화로 인해 떨어져 나온 조각뿐만 아니라 태풍에 쓸려온 통나무, 쇠, 돌, 타이어 파편, 뱀(야생동물) 등을 말한다. 이런 이물질들은 항공기의 타이어를 손상시키거나 타이어에 부딪히며 튀어올라 엔진을 비롯한 기체의 여러 부분에 큰 충격을 줄 수도 있어 상당히 위험한 존재들이다. ICAO 부속서에서도 활주로, 유도로, 주기장 표면은 항공기 동체 또는 엔진에 손상을 일으키거나 시스템 작동 효율을 감

| 자료 014 FOD 제거 차량

소시킬 수 있는 파편 및 다른 물체가 없도록 깨끗하게 유지돼야 한다고 기술하고 있다.

    FOD에 의한 사고의 경우 2000년 7월에 미국 뉴욕을 향해 프랑스 파리의 샤를 드골 국제공항Aéroport de Paris - Charles - de - Gaulle에서 출발하던 에어프랑스 4590편 콩코드 여객기가 이륙 2분도 되지 않아 추락한 사건이 대표적이다.[11] 2016년 7월 말에는 제주국제공항에 착륙하던 대한항공 여객기의 타이어가 터지는 사고도 발생했다.[12] 제주공항 사고는 명확한 원인이 밝혀지지는 않았으나 외부 물질에 의한 것으로 추정되고 있다.

    인천국제공항의 경우 「공항운영규정」에 의거하여 항공기 타이어와 포장면간의 마찰력에 해로운 영향을 줄 수 있는 눈, 진창눈, 얼음, 물, 웅덩이, 진흙, 먼지, 모래, 기름, 고무 등과 같은 오염물질 및

---

11 조사 결과 활주로에 떨어져있던 길이 40㎝가량의 쇳조각이 원인이었다. "에어프랑스 4590편 추락 사고", wikipedia, 2021년 12월 4일 접속,

12 전지혜, "제주공항 착륙 제주항공 여객기 이동중 타이어 터져", 연합뉴스, 2021년 12월 4일 접속,

항공기 동체나 엔진 손상, 항공기 시스템 작동 등에 해로운 영향을 줄 수 있는 이물질 등이 활주로나 유도로 등의 이동지역 내에서 발견되었을 경우 신속히 제거작업을 시행한다. 이러한 FOD 수거를 위하여 특수차량과 10여명의 전담인력이 동원되어 활주로와 계류장 등 항공기가 상시 이동하는 전 지역을 매일 하루 4차례 6시간 간격으로 정기 점검을 실시하고, 관제기관이나 조종사 등이 요청할 경우 수시로 특별 점검을 시행한다.

또한 아래 사진자료에서와 같이 SUV 차량이 주행하며 이물질이 있는지 확인하고 금속 물질을 제거하기 위하여 자석 막대를 부착한 특수차량을 활용한다. 이물질을 쓸어 담는 매트가 부착된 트럭이 활주로나 계류장을 점검하기도 한다.[13]

| 자료 015 활주로를 점검하는 인천국제공항의 정비 차량들

---

13 강갑생, "비행기 폭발, 109명 전원 사망… 쇳조각 하나가 부른 참사", 중앙일보, 2021년 12월 4일 접속,

3. 주기장과 유도로

항공기는 정해진 주기장에서 머물렀다가 승객을 탑승시킬 때 탑승교로 이동한다. 주기장이란 항공기의 주기를 위하여 계류장내에 지정된 구역을 뜻하며, 그 목적에 따라 탑승 주기장loading apron, 정비 주기장maintenance apron, 야간 주기장night - stay apron으로 대별된다.

주기장과 계류장이 약간 혼용되는 경우가 있는데, 국토교통부에서 고시한「비행장시설설계 메뉴얼」에 따르면 '계류장apron'은 비행장내에서 여객의 승·하기, 화물·우편물의 적재·적하, 급유, 주기, 제·방빙 또는 정비 등의 목적으로 항공기가 이용할 수 있도록 설정된 구역을 뜻하고, '항공기주기장aircraft stand'은 항공기의 주기를 위하여 계류장내에 지정된 구역을 가리킨다.

항공기주기장은 2020년 12월 기준으로 인천국제공항에는 239개(여객 159, 화물 47, 제빙 21, 정비 11, 격리 1), 김포국제공항에는 144개, 제주국제공항에는 42개, 김해국제공항에는 42개가 있다.

항공기가 활주로와 주기장 및 정비지역을 이동하는데에 이용하는 통로는 유도로taxiway라고 한다. 활주로부터 주기장까지의 유도로를 적절히 배치하지 않으면 지상 활주나 대기시에 교통정체의 원인이 되며, 다른 항공기를 비롯한 조업용 차량과 불필요하게 접촉할 가능성도 있다. 이착륙 횟수가 많은 공항에서는 선회유도로, 평행유도

| 자료 016 활주로와 유도로

로, 고속탈출 유도로 등이 필요하다.

4. 시계가 나쁠 때 항공기 착륙을 유도하는 계기착륙시설

공항의 상공은 언제나 푸른 하늘이 될 수 없고, 기상에 따라 시계視界가 좋지 않을 수 있다. 야간이나 시계가 나쁠 때 활주로에 설치되어 항공기가 일정한 경로를 따라 정확하게 착륙하도록 유도해주는 시설이 계기착륙시설Instrument Landing System이다.

계기착륙시설로는 활주로의 중심선을 지시하는 방위각제공시설Localizer, 통상 3°의 활공각 정보를 제공하는 활공각제공시설Glide Path, 그리고 위치정보를 제공하는 마커비콘Marker Beacon이 있다. 활주로를 지날 때 유심히 살펴보면 이 고마운 존재들을 볼 수 있다.

| 자료 017 방위각제공시설 (LLZ; Localizer): 활주로 중심선 정보 제공 | 자료 018 활공각제공시설 (GP; Glide Path): 활공각 정보 제공 | 자료 019 마커 (Marker): 위치 정보 제공 |

계기착륙시설의 접근절차는 다음과 같다.

- 착륙하고자 하는 항공기는 일반적으로 공항에서 25㎚[14]가량 떨어진 지점에서 계기착륙시설의 신호를 따라 활주로에 접근한다.
- 이 지점을 최초접근지점이라 하며, 조종사의 긴장이 배가되는 지점으로 '항공기가 곧 착륙할 예정이니 승객들은 안전벨트를 착용하라'는 기내 방송을 듣게 되는 곳이다.
- 이 지점부터 조종사는 방위각과 활공각의 지시계기가 계기판 중앙에 정확히 십자형으로 교차되도록 항공기를 정밀하게 조종하는 한편, 바퀴를 내리고 착륙을 결정하는 지점까지 접근하게 된다.

---

14 단위는 nautical mile. 김포국제공항의 경우 8 - 13㎚이다.

- 항공기가 착륙 결정지점decision height까지 도착하면 조종사는 착륙을 할 것인지, 아니면 재착륙을 위한 복행을 할 것인지 결정해야 한다. 이 때 착륙에 대한 최종적인 판단은 조종사가 한다.

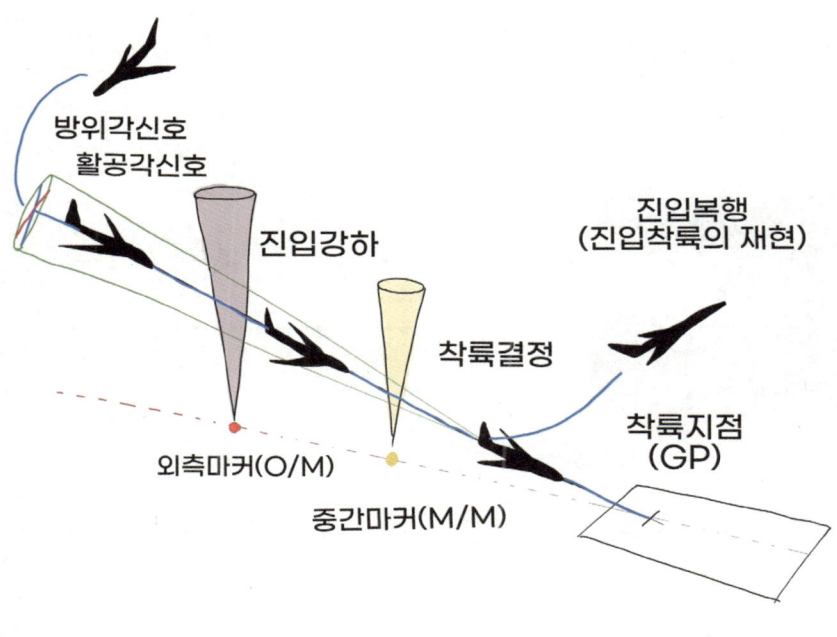

| 자료 020
계기착륙시설에 의한 착륙 절차

방위각제공시설

방위각제공시설Localizer은 착륙하는 항공기가 안전하게 착륙할 수 있도록 활주로 중심선의 정보를 제공해주는 지상시설이다.

방위각제공시설의 원리와 역할을 그림으로 설명하면 다음과 같다.

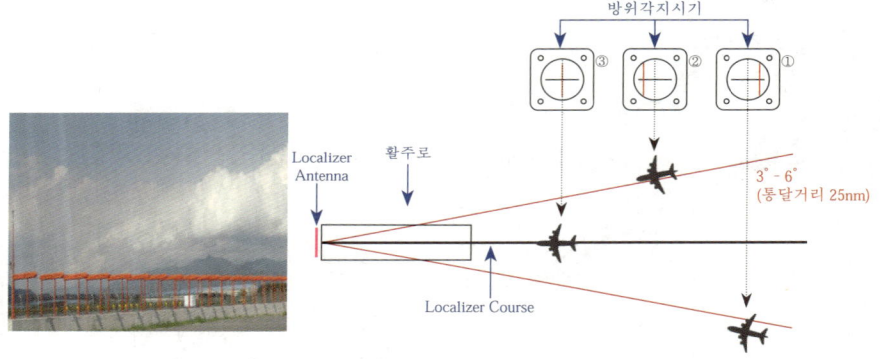

| **자료 021** 방위각제공시설과 그 원리

- 방위각지시기 ①은 항공기가 활주로 중심선의 왼쪽에서 진입 중이므로 오른쪽으로 이동하도록 지시하고 있다.
- 방위각지시기 ②는 항공기가 활주로 중심선의 오른쪽에서 진입중이므로 왼쪽으로 이동하도록 지시하고 있다.
- 방위각지시기 ③은 항공기가 활주로 중심선에 정상 진입중임을 나타내고 있다.

활공각제공시설

활공각제공시설Glide Path은 활주로에 착륙하기 위하여 접근 중인 항공기에게 가장 안전한 착륙각도인 3°의 활공각 정보를 제공하는 시설이다.

활공각제공시설의 원리와 역할을 그림으로 설명하면 다음과 같다.

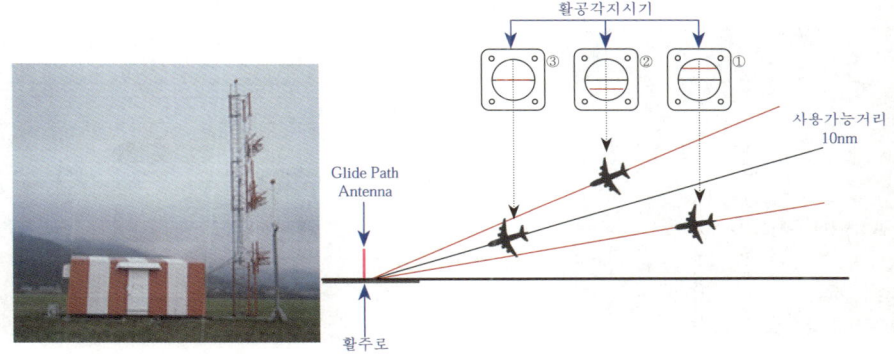

| **자료 022** 활공각제공시설과 그 원리

- 활공각지시기 ①은 항공기가 활공각 3°보다 낮게 진입중이므로 기수를 위로 올리도록 지시하고 있다.
- 활공각지시기 ②는 항공기가 활공각 3°보다 높게 진입중이므로 기수를 아래로 내리도록 지시하고 있다.
- 활공각지시기 ③은 항공기가 활공각 3°로 정상 진입중임을 나타내고 있다.

마커비콘

마커비콘Marker Beacon은 활주로 중심 연장선상의 일정한 지점에 설치하여 착륙하는 항공기에 수직상공으로 역원추형의 VHF 전파를 발사함으로써 진입로상의 통과지점에 대한 위치정보를 제공한다.

마커비콘의 원리와 역할을 그림으로 설명하면 다음과 같다.

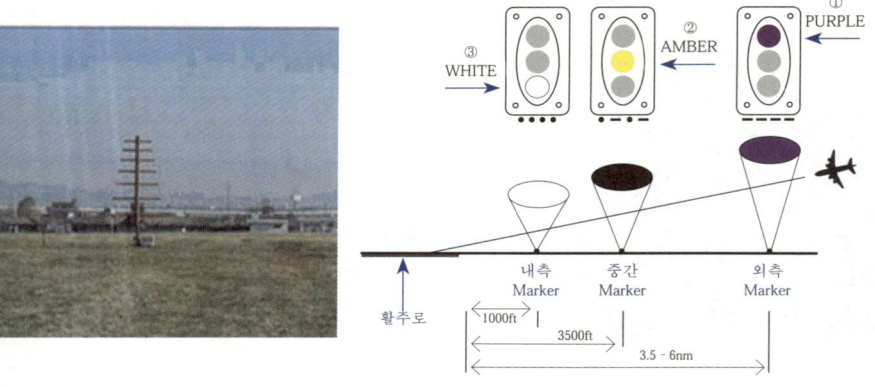

| **자료 023** 마커비콘과 그 원리

- 항공기가 외측마커의 상공에 정확히 진입하면 그림의 ①과 같이 조종실의 표시램프에 자주색 램프가 점등되며 외측마커를 알려주는 신호음이 울린다.
- 계속하여 중간마커의 상공에 정확히 진입하면 ②와 같이 호박색 램프가 점등되며 중간마커를 알리는 신호음이 울린다.

- 착륙에 임박한 내측마커의 상공에 정확히 진입하면 ③과 같이 백색램프의 점등과 동시에 내측마커의 신호음이 울리게 된다.

최근에는 내측마커 대신 거리측정시설DME; Distance Measurement Equipment을 설치하여 활주로까지의 거리정보를 항공기에 제공한다.

5. 항공기에 불빛을 제공하는 항공등화시설

항공등화시설은 야간, 또는 저시정低視程시 운항하는 항공기에 불빛으로 항행정보를 제공한다.

항공등화시설은 시각을 통해 정보를 전달하는 시스템이지만 일반 조명시설의 개념과는 전혀 다른 특징을 가지고 있다. 안개 등 기상에 의해 시정조건이 나빠도 충분히 인식할 수 있도록 주로 광원光源(등기구)의 빛에 의하여 인식하는 방식이 사용되고, 또한 많은 광원에 의해 특정 패턴을 이루고 있다. 이것은 조종사에게 착륙 조작 전후에 중요한 정보를 제공한다.

항공등화시설은 대부분 활주로나 유도로 및 그 주변에 매립 또는 노출 등의 형태로 설치된다. 항공기의 동적·정적 하중을 견딜 수 있어야 하며, 항공기의 강력한 엔진 후폭풍 영향 등의 설치 환경 역시 고려되어야 한다.

진입각지시등

진입각지시등PAPI; Precision Approach Path Indicator은 착륙하고자 하는 항공기에 진입각의 적정여부를 알려주기 위해 활주로의 외측에 설치하는 등화이다. 활주로 말단에서 진입 방향으로 약 300m 지점에 활주로의 중심선과 수직을 이루어 양쪽 녹지대에 설치한다. 다만 지형 및 기타 사유로 양쪽 설치가 곤란한 경우나 정밀 진입활주로에서는 항공기가 진입하는 방향에서 활주로 좌측에만 설치할 수 있다.

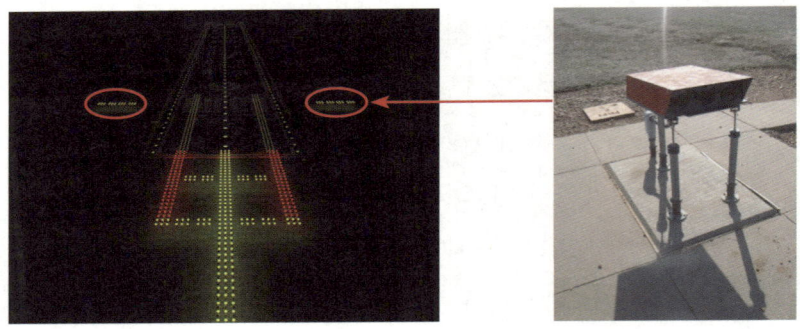

| 자료 024 활주로에 설치된 진입각지시등

착륙 강하降下각도의 적정 여부는 다음 그림과 같이 불빛의 조합으로 표시한다.

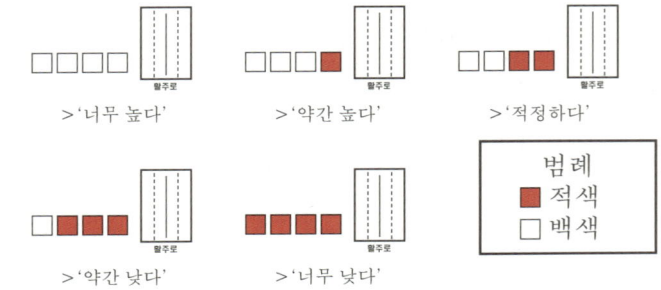

| 자료 025 진입각지시등의 불빛 지시

진입등

진입등ALS; Approach lighting system은 착륙하려는 항공기에 진입로를 알려주기 위하여 진입구역에 설치하는 등화이다.

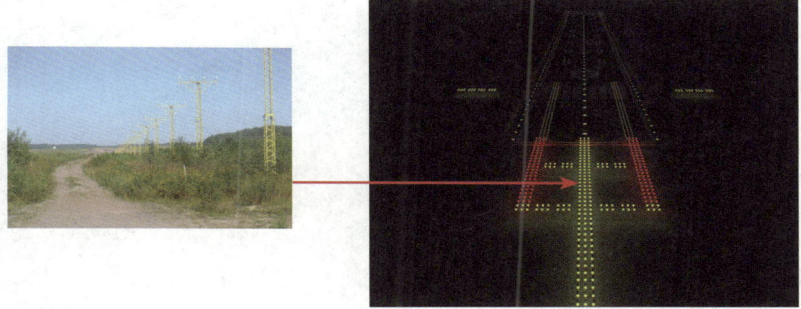

| 자료 026 진입등

활주로등

활주로등은 이착륙하고자 하는 항공기에 활주로를 알려주기 위하여 활주로 양측에 설치하는 등화이다. 활주로 양측 가장자리에 60m 이하로 설치한다.

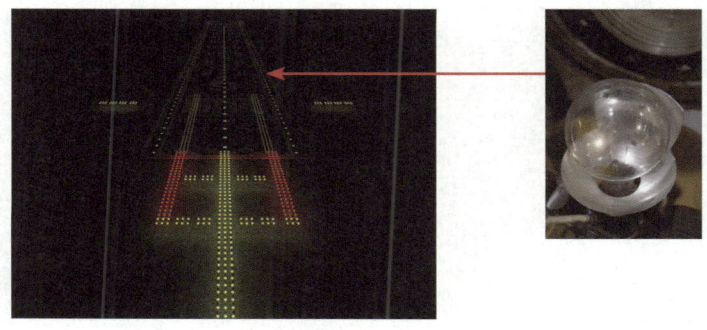

| 자료 027 활주로등

| 자료 028
인천국제공항의 활주로에 항공등화가 켜져있다.

제 3장
공항의 안전 관리

1. 공항별 항공기상예보와 특보

　자동차는 땅을 차고 달린다. 선박은 바다 위를 미끄러지듯 항해한다. 항공기도 하늘을 날아오르는데, 항공 전문가들은 '항공기는 공기를 밟고 공중에 오르고 날아간다'고 표현한다.

　항공기가 딛고 올라서야 할 공기의 상태가 나쁘면 이륙은 물론 착륙도 불가능하다. 항공기가 하늘길을 운항하기 위해 갖추어져야 할 가장 중요한 조건은 바로 공기, 즉 대기의 상태를 일컫는 기상氣象이다. 이륙·상승·순항·하강·착륙 등 항공기가 거쳐가는 모든 단계는 기상 상태와 밀접하게 관련된다.

　이착륙단계에서는 시정視程·운고雲高·풍향·풍속·강수·기온 등이 매우 중요하며, 순항단계에서는 항로상의 바람과 기온이 비행시간에 절대적인 영향을 끼친다. 따라서 원거리 비행을 할 경우에는 광범위한 지역의 바람과 기온에 대한 예보가 필요하다. 또, 항공기는 이륙에서 착륙까지의 비행중에 뇌우·난류·착빙着氷 등에 의해 비행에 장애를 겪을뿐만 아니라 최악의 경우에는 추락하기도 한다. 따라서 항공기 운항에 심각한 장애가 되는 이 악천후들을 사전에 탐지하고 예보하여 항공기에 통보하는 것은 운항의 안전을 위해 매우 중요한 일이다.[15] 이에 따라 ICAO 부속서 3에서는[16] 항공기상 관측 및 예보 방법 등을 규정하고 있으며, 각 공항의 기상상태를 전 세계 항공기의 조종사들에게 통보할 수 있도록 규정하고 있다.

항공기상예보는 공항예보, 착륙예보, 이륙예보, 위험기상예보가 있으며, 경보로는 공항경보와 윈드시어 경보가 있다.

구분	내용
공항예보	• 비행계획을 지원하기 위한 예보로 예보시간동안 공항의 기상상태에 대해 발표; 유효시간은 30시간 • 일 4회 발표하며 비행계획 작성과 운항승무원에 대한 브리핑에 사용
이륙예보	• 출발 예정시간 전 3시간 이내에 활주로상에 발생할 것으로 예상되는 바람, 기온, 기압에 대한 정보를 조종사나 관제사 등에게 제공
착륙예보	• 향후 2시간동안 예상되는 기상의 변화에 대해 1시간 이내의 비행거리에 있는 비행기기에 제공
위험기상예보	• 항로상에 영향을 미칠 수 있는 위험기상이 발생할 때나 예상될 때 발표 • 예보요소: 제트기류, 청천난기류, 적란운, 착빙, 화산, 방사능, 열대저기압 등 • 일 4회 제공

| **자료 029** 항공 기상예보

15 "항공기상", doopedia, 2021년 12월 4일 접속,

16 264페이지 참고

구분	종류	기준
공항경보	태풍	태풍으로 인하여 강풍 및 호우가 경보 기준에 도달할 것으로 예상될 때
	뇌전 (雷電)	뇌전(천둥과 번개)이 발생되거나 발생이 예상될 때
	대설	24시간 동안 내려 쌓인 눈이 3cm 이상 예상될 때
	강풍	10분간 평균풍속이 25kn 이상 또는 최대순간풍속이 35kt 이상 발생되거나, 발생이 예상될 때 (*kt(knot): 풍속 표기시 혼용)
	운고 (雲高) 저시정 (低視程)	기상관서와 항공교통업무기관의 협의에 의한 기준치 이하로 예상될 때
	호우	강수량 30mm/h 또는 50mm/h 이상 예상될 때
	황사	황사로 인해 1시간 평균 미세먼지(PM10) 농도가 400 $\mu g/m^3$ 이상이 2시간 이상 지속될 것으로 예상되고 시정 5,000m 이하가 예상될 때
	\• 다음 각 호의 현상이 발생 또는 예상될 때 1. 우박 2. 어는 강수 3. 서리 4. 날아오른 모래 또는 먼지 5. 모래 또는 먼지폭풍 6. 스콜 7. 화산재 8. 지진해일 9. 화산재 침전물 10. 유독화학물질	
윈드시어 경보	항공기 이착륙 경로에서 지상 500m(1,600ft) 이내에 항공운항에 지장을 초래하는 윈드시어(wind shear)가 탐측 또는 예상되거나, 이 착륙 중인 항공기로부터 해당 현상의 보고가 있을 때	

| **자료 030** 항공 경보

항공기상의 정밀도를 향상시키기 위한 관측방법

항공기상예보의 정밀도를 높이기 위해 많은 노력을 기울이고 있는 항공기상청은 지상기상, 항공기상, 고층기상 및 기상 레이더 관측자료, 기상위성 수신자료, AWS Automated Weather Station 자료 등 각종 기상요소에 대한 필수적 관측자료를 수집한다. 지상기상은 3시간 간격으로 일 8회, 고층기상은 12시간 간격으로 일 2회 관측된다. 항공기상은 매시[17] 관측되며, 레이더와 기상위성, AWS 관측은 수시로 실시한다.

    수집된 각 자료의 활용도를 정리하면 다음과 같다.

- 지상 및 고층 관측자료는 일기도에 기입되어 고·저기압의 위치와 이동 경로, 기압과 고도의 변화 경향, 전선의 발생·소멸·이동 추적, 날씨 변화 등을 분석하기 위해 사용된다.
- 항공기상 관측자료는 항공기 운항에 영향을 줄 수 있는 지상풍, 시정, 일기, 구름 등 당해 공항의 기상상태를 관찰한다.
- 기상레이더 자료는 강수 구역·강도·이동 등을 추적하는데에 활용된다.
- 기상위성자료는 구름의 분포와 종류 등을 분석하는데에 이용된다.

    이러한 자료를 토대로 작성된 항공예보는 예보 관계자들이 참여하는 예보관 토의에서 종합적인 검토를 거친 후 최종적으로 확정된다.

    항공기상업무는 관측·예보 범위와 방식, 기록방법, 기상정보 제

---

17 인천국제공항은 30분 간격이다.

공 대상자 등이 일반적인 기상업무와 다를 뿐만 아니라 항공과 관련된 고도의 전문성을 요구하는 영역이므로, 우리나라는 항공기상업무를 전담하는 항공기상청을 별도로 운영하고 있다.

2. 조류충돌을 막아라

비행 중인 항공기가 조류와 충돌하면 어떻게 될까.

항공기와 조류의 충돌, 이른바 버드 스트라이크[18]bird-strike는 통상 공항이나 그 부근의 지상 2.5㎞지점 이하에서 항공기의 이착륙시 많이 발생한다.

조류 충돌로 인한 사고는 대부분 경미한 정도에서 그치지만, 대형 조류가 엔진에 빨려들어갈 경우 큰 사고로 이어질 수 있다. 만약 900g 중량의 청둥오리 한 마리가 시속 370㎞로 이착륙하는 항공기에 충돌하면 4.8t 가량의 충격을 주게 된다. 더욱이 대형 조류들은 10,000ft 상공까지 날기도 하는데, 이 지점에서 항공기는 최고 460㎞/h의 속도로 비행하기 때문에 이 때 새와 부딪힐 경우 충격은 더욱 커진다.

이에 따라 공항당국은 조류충돌을 방지하기 위하여 다양한 수단을 강구하고 있다. 포획이나 살상 등의 직접적인 방법에서부터 폭음

---

18 bird aircraft strike hazard라고도 한다.

기나 공포탄 등의 소리로 새를 놀라게 하기, 반사 테이프 부착, '스케어리 맨(사람 모양의 풍선)' 배치, 제초를 통한 새들의 먹이(벌레) 제거 등의 방식이 있다. 외국에서는 새의 움직임을 추적해 관제탑이나 항공기에 경고메시지를 보내는 레이더 시스템도 개발하고 있다.

김포국제공항의 경우 공항 주변에 조류가 모이지 않도록 하기 위해 공항으로부터 반경 13㎞ 이내에서는 조류를 유인할 수 있는 쓰레기매립장 설치를 제한하고, 8㎞ 이내에서는 조류보호시설의 설치를 금지하고 있다.

인천국제공항은 항공기의 이착륙이 이루어질 때 점검 차량이 각 활주로의 양쪽 말단에 배치되어 쉬지 않고 이동하며 조류의 서식 여부를 확인한다. 또한 새들이 고통받는 소리나 천적의 소리를 발생시키는 경보기를 차량에 부착해 수시로 자리를 옮겨가며 가동시키고 바람에 흔들이는 인형을 설치하는 등 친환경적인 퇴치법도 활용한다. 이와 함께 조류퇴치 요원들이 야생동물을 공포탄으로 쫓아내거나 엽총으로 직접 포획하기도 한다. 공항내는 물론 공항 밖에서도 조류를 비롯한 다른 동물의 사육이나 이들의 먹이가 되는 작물 재배도 엄격히 통제한다. 웅덩이나 배수로에 물이 고이거나 불결不潔하여 조류의 유인요소가 되지 않도록 하며, 야생동물이 공항에 접근하지 못하도록 울타리 등의 장애물을 설치한다.

항공기의 조류 충돌은 1912년부터로 알려져있으며, 가장 많은 희생자를 낸 사고는 1960년 10월에 미국 동부 보스턴의 Rogan 국제공항에서 일어난 사고이다. Eastern 항공사의 필라델피아행 록히드 L188 항공기가 이륙한지 수초 만에 지나가던 새(찌르라기)떼를 만나 새들이 엔진에 흡입되면서 첫 번째 엔진이 순식간에 동력을 잃었다가 곧 회복되었으나, 추진력 부족으로 승객 67명과 승무원 5명이 탑승하고 있던 여객기가 바다로 추락했다. 사망자는 승객 59명과 승무원 3명이다.[19]

최근에 발생한 사고로는 지난 2009년 1월에 발생한 '허드슨 강의 기적'이라고 불리우는 사례가 대표적이다. 당시 US Airway 소속 항공기가 새떼와 충돌하면서 엔진 2개가 한꺼번에 정지하는 바람에 뉴욕 허드슨 강에 비상착륙했다. 항공기가 동력을 완전히 상실한 상태였지만 조종사와 승무원이 적절하게 대처하여 150여명의 승객이 무사히 구조되었다.[20]

---

[19] "Lockheed L188 Electra", aviation safety Network, 2021년 12월 4일 접속,

[20] "US Airways Flight 1549", wikipedia, 2021년 12월 4일 접속,

| **자료 031** ▲
김포국제공항의 조류충돌 예방 대원이 실탄 격발 시범을 보이고 있다.

| **자료 032** ▶
인천국제공항의 조류음파퇴치기

3. 활주로 양측 15km 지점 이내, 방해받지 않아야 한다

비행장 주변의 장애물 설치나 고층건물 건축 등은 항공기의 안전 운항을 위해 제한된다. 제한 사항은 활주로로부터 양측 15km 지점에 적용되는 진입표면과 활주로 중심선으로부터 4km 지점에 적용되는 수평표면이다.

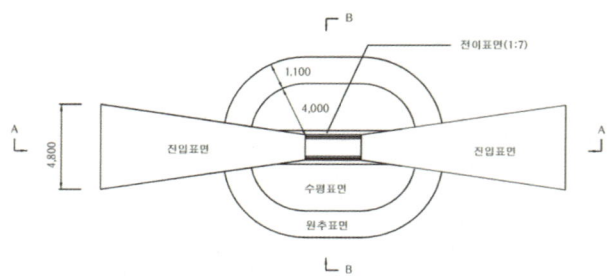

| **자료 033** 진입표면과 수평표면 도면

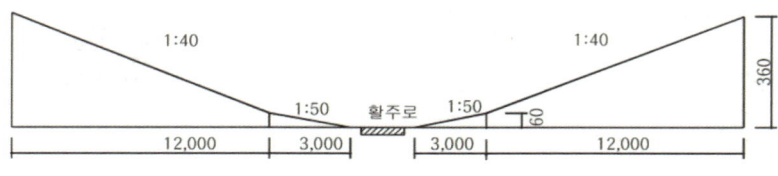

| **자료 034** 진입표면 도면

위의 두 도면에서 알 수 있듯이, 활주로의 시단threshold으로부터 양측 15km에서는 건축물의 높이가 360m 미만으로 제한되며, 활주로 반경 4km 이내에서는 건축물 높이가 45m 미만으로 제한된다. 이는 아파트 10 - 13층 가량의 높이다. 반경 4km 경계선으로부터 바깥쪽으로 1.1km 이내의 구역에서는 건축물 높이가 최대 해발 100m 미만으로 규제된다.

또한 야간에 고층 건물을 바라보면 옥상에서 깜빡거리는 불빛을 볼 수 있는데, 이들 항공장애표시등이라 한다. 항공장애표시등은 항공기의 조종사에게 장애물의 존재를 환기시킴으로써 비행체가 건물에 부딪히는 것을 예방하기 위하여 설치된 것이다.

❖ **롯데월드타워의 비행 안정성 문제**

서울 잠실 소재의 롯데월드타워는 높이 555m의 초고층 건물로써, 건설이 허가되기 전까지 서울공항의 비행 안전성 문제로 공군과 롯데의 갈등이 많았다. 결과적으로는 서울공항 동편 활주로를 3°가량 트는 조건으로 2009년에 허가되어 2017년 3월에 완공되었으나, 현재도 비행 안전성 문제가 있다는 논란이 일고 있다.

공군의 연구결과에 의하면, 항로에서 90° 방향으로 바람이 불고 3분의

---

21 경기도 성남시 수정구에 위치해있으며, 대통령 전용기 및 국내·외 국빈의 전용기, 공군 소속 항공기 등이 이착륙하는 공항이다. 공군 제15특수임무비행단이 주둔하고 있다.

지나자 롯데월드타워를 중심으로 부채꼴 모양의 난류가 발생하여 건물로부터 약 5km 떨어진 서울공항이 난류 영향권 안에 있다고 한다. 이에 대해 공군은 항로에서 심각한 수준의 난류가 확인되지 않았기때문에 비행 안전에는 문제가 없다고 한다.

그러나 일부 전문가들은 항공기가 최종적으로 안정을 유지해야 할 낮은 고도에서 난류로 인해 기체의 진행 방향과 고도가 변경된다면 항공기의 안전이 크게 저해되는 요인이 될 수 있다고도 하고, 또 다른 민간 전문가는 평시에는 무난하나 전시에는 불안할 수 있다고 하였다. 전시에는 상황에 따라 다량의 전투기가 서울공항으로 몰려들 수 있는데, 서울공항에 익숙치 않은 조종사가 조종하는 항공기들이 대량으로, 그것도 엄청나게 빠른 속도로 내린다면 문제가 생길 수 있다는 것이다.

4. 공항 내의 소방구조대

각 공항은 국토교통부에서 고시한 「공항 비상계획업무 메뉴얼」에 따라 공항 내에 소방대를 설치하여 유사시 신속 대응이 가능하도록 대비하고 있다. 공항 소방대는 화재 관련 소방 구조, 구급 및 의료후송처리, 항공기 사고로 인한 건물화재 대비 교육, 여객청사 및 부속 건물에 대한 소방순찰과 안전관리업무 등을 담당한다. 또한 구조·소방을 위한 비상대응 시간은 최상의 시계상태와 노면조건에서 운영 중인 활주로의 모든 지점과 항공기 이동지역에 도달하는 시간이 3분을 초과해서는 안된다.

공항 소방대는 공항 내의 어느 장소에서 사고가 발생해도 3분 내에 도달할 수 있는 전략적 장소에 위치해 있으며 공항 반경 8km 이내에서 발생할 수 있는 비상사태에도 상시 대비하고 있다. 항공기 사고 aircraft accident가 공항이나 주변 지역에서 발생하면 공항관제소는 공항 비상계획에 따라 사고 발생시간, 위치, 항공기의 종류 등을 소방대와 각 기관에 통보하고 관련 조치를 취해야 한다.

또한 공항에 접근하는 항공기가 사고위험에 처해있거나 사고위험이 예상되는 초비상 상태 full emergency일 경우 소방대는 접근 활주로의 사전 예정 위치에 대기해야 하며, 해당 항공기 기종, 승객 수, 사고 종류, 사용 예정 활주로, 착륙 예정시간, 위험물 적재 위치 및 수량 등에 관한 상세한 내용이 소방대에 통보되어야 한다. 또한 비상계획에 규정된 절차대로 지역 소방대와 다른 기관에도 경보가 발령되어야 한다.

항공기의 결함이 예상되지만 그 결함이 착륙에 장애를 유발할 정도로 심각하지는 않을 대기비상 local stand - by 상태일 경우 소방대는 접근 활주로의 예정된 위치에 대기할 준비를 해야 한다.

제 2편
항공기에 탑승하다

GATE 57

제 4 장
내가 탄 항공기는 얼마나 안전할까

1. 내가 탄 항공기의 기종과 성능은?

승무원의 환한 미소와 함께 승객들은 과학기술의 정수인 항공기에 탑승한다. 항공기는 하늘을 날고자 했던 인간의 오래된 꿈을 실현시켰고, 수백만개의 부품과 최첨단 장치로 만들어져 세상에서 가장 안전한 교통수단이 되었다. 이 위대한 발명품에 나의 몸을 싣고 하늘을 날아가면 새삼 인간의 위대함이 느껴지기도 한다.

지금은 전 세계 어디든 하루만에 갈 수 있지만 항공기가 발명되기 전에는 과연 얼마나 걸렸을까? 1620년에 메이플라워호를 탄 청교도들이 영국을 떠나 대서양을 가로질러 북미에 도착하기까지 소요된 시간은 64일이었다. 일제 강점기에 활동했던 독립운동가 김규

식은 파리 강화회담에 참석하기 위하여 1919년 2월 1일에 배편으로 상하이를 출발하여 3월 13일에 파리에 도착하였다. 약 40일 이상 걸렸던 것이다. 지금은 불과 12시간이면 서울에서 파리까지 갈 수 있는 시대이다.

이런 과거의 일을 생각해보면 새삼 신기한 기분과 함께 문득 내가 탄 항공기의 기종과 성능이 궁금해진다. 어떻게 알 수 있을까? 자동차는 외부를 보면 곧바로 기종과 성능을 대부분 알 수 있지만 항공기는 그렇지 않다. 전직 관제사인 필자의 친구도 하늘에 떠있는 항공기가 무슨 기종인지는 육안으로 알기 어렵다고 한다. 내가 탑승한 항공기의 항공권을 보아야 기종을 알 수 있다.

전 세계에서 항공운송사업용으로 사용하는 항공기는 대부분 유럽의 에어버스사[22]Airbus SE와 미국의 보잉사The Boeing Company에서 제작하고 있다. 우리나라에서 사용하는 기종도 대부분 그러하다. 국내선 등의 근거리에 사용하는 소형 항공기는 B737과 A320, 중형기는 B767과 A300, 대형기로는 B747과 A380 등이 있다.

주요 성능으로는, 국내에서 이용되는 항공기 중 가장 큰 A380의 경우 길이·폭·높이가 각각 약 73m·80m·25m에 최대이륙중량은 569t, 항속시간이 16시간이며 항속거리는 약 15천km이다. 국내에서 가장 많이 사용하는 B737의 경우 길이가 31 - 42m이고, 폭이 29 - 35m이

---

22 에어버스사는 본사가 프랑스에 있을 뿐 유럽의 여러 국가에서 협력하여 운영한다. 'SE'는 유럽 법인을 뜻하는 'societe europeae'의 약자이다.

고, 높이가 11 - 13m 정도이며, 최대이륙중량은 60 - 85t 가량이다.

이제부터는 항공기가 어떻게 안전하게 설계·제작되고 안전한 상태로 운항을 할 수 있도록 정비되는지 알아보도록 한다. 그리고 항공기의 안전을 위해 어떠한 첨단장치가 탑재되는지 그 궁금증을 해소해보도록 한다.

| 자료 035
인천국제공항에서 승객을 탑승시키는 항공기

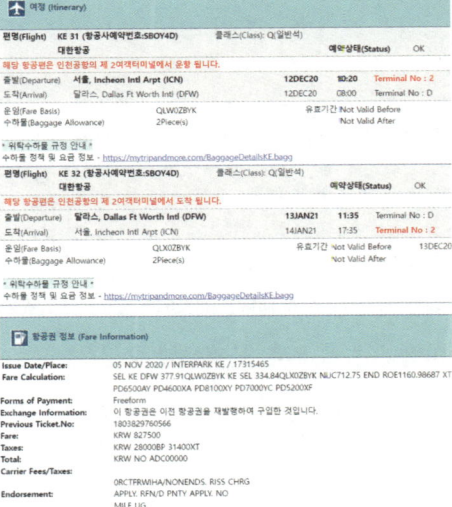

| 자료 036
전자항공권 출력물. 이 종이 한 장에 수 시간, 길게는 수십 시간의 여정이 담겨있다.

제2편 항공기에 탑승하다　　89

2. 항공기의 형식증명과 안전설계기준

설계設計는 그 뜻에서 알 수 있듯이 각종 기계나 장치 등을 제작할 때 제작 요구조건을 만족시키고, 또한 합리적이며 경제적으로 만들기 위한 계획을 가리킨다.

항공기 설계는 일반적으로 3단계를 거친다. 가장 먼저 하는 것은 개념설계로써, 수요자가 요구한 설계명세에 의하여 항공기의 성능이 정해지므로 이에 맞는 대강의 스케치가 이루어진다. 다음은 예비설계로, 개념설계에서 만든 여러 개의 설계 레이아웃 중 분석을 거쳐 최상의 설계에 대한 더욱 엄밀한 기술적 분석을 실시한다. 이 개념설계 단계에서 최적 형태의 항공기 형상에 대한 기준을 정하게 된다. 그리고 마지막인 상세설계 단계에서는 주로 항공기의 구조적 안정성을 고려하게 된다.

안전수명 설계와 페일세이프 설계

항공기 설계에서 가장 중요한 것은 안전성이다. 항공기의 구조는 충분한 강도strength와 강성stiffness을 확보해야 할 뿐만 아니라 최상의 비행 성능을 위해 불필요한 중량을 모두 제거하고 최대한 가볍게 설계해야 하며, 동시에 기체는 비행 중 기체구조에 작용하는 각종 하중

(공기역학적 하중, 객실여압에 따른 하중, 이착륙 시의 하중, 반복사용에 따른 피로하중 등)을 견딜 수 있게 설계되어야 한다.

항공기 설계방식으로 안전수명 설계safe life design와 페일세이프 설계fail safe design가 있다. ▲안전수명 설계란 항공기의 계획된 설계수명 기간 내에는 구조에 작용되는 모든 하중에 대하여 부재가 파손되지 않을 정도의 응력應力이 작용하도록 설계하는 기법이며, ▲페일세이프 설계는 비행 중에 구조의 일부가 파괴되어도 치명적인 사고로 이어지지 않고 착륙할 때까지는 안전하게 비행을 할 수 있도록 설계하는 방법이다. 페일세이프 방식은 일상 생활 속에서도 경험할 수 있다. 탈수기나 오븐과 같은 가전제품은 가동되는 도중 입구가 열리면 작동이 자동적으로 정지된다.

항공기 역시 이와 마찬가지로 비행 중에 하나의 엔진이 고장나도 다른 하나의 엔진으로 운항이 가능하도록 설계한다. 아래 그림과 같이 3개가 받는 힘이 90인 상태에서 하나가 파괴되면 나머지 연결된 2개가 90의 힘을 지탱하도록 설계하는 것이다.

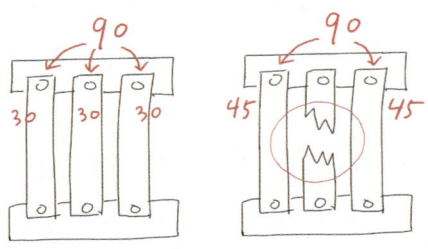

| **자료 037** 페일세이프 구조의 개념

항공기 설계자는 항공기의 강도, 구조, 성능 등의 기술적 기준에 대한 설계 적합성을 증명하는 항공기 형식증명type Certificate을 국토교통부로부터 승인받아야 한다. 형식증명이란 항공당국이 항공기, 엔진, 프로펠러 등의 설계자에게 발행하는 증명서로, 특정 형식의 항공기·엔진·프로펠러에 대한 설계가 모두 정상적인 예측이 가능한 조건 하에서 안전한 비행이 가능하다는 법적 요건을 충족시켰을 때 발행된다.

안전설계 기준

ICAO에서는 항공기의 안전설계 기준을 다음과 같이 정하고 있다.

▶ 엔진
> 운송용 항공기는 반드시 2개 이상의 엔진을 장착하도록 한다.
> 운항 중 엔진이 고장나면 즉시 다른 엔진으로 운항한다.
> 항공기 조종은 필요시 자리를 바꾸지 않고 자신의 조종석에서 약속된 절차에 따라 임무를 바꿔 수행할 수 있어야 한다.

▶ 바닥 표면
> 객실과 조종실 바닥 표면은 안전을 위해 미끄러지지 않는 특성이 있어야 한다. 이를 위해 특수한 재료를 사용하여 제작한다.

▶ 비상 탈출구

> 비상 탈출구는 기내 비상상황 발생시 탑승자의 신속한 탈출을 위해 설치되어야 한다.

> 승객수 110인승을 초과하는 항공기에는 기체 양쪽에 폭 61㎝, 높이 122㎝ 이상인 비상 탈출구가 2개 이상씩 있어야 한다.

> 비상 탈출구가 닫힌 상태에서도 외부 상황을 관찰할 수 있는 수단이 있어야 한다.

> 비상 탈출구는 항공기 내·외부에서 열 수 있어야 하고, 비상 탈출구를 열기 위한 조작을 한 후 10초 이내에 완전히 열려야 한다. 또한 어둠 속에서도 비상 탈출구를 잘 찾아 작동시킬 수 있도록 표시되어야 한다.

> 비행 중에는 열 수 없도록 설계되어야 한다.

▶ 환기 계통

> 기내에 충분한 양의 신선한 공기를 공급하기 위한 시설이 설치되어야 한다.

> 환기용 공기에는 유해하거나 위험한 농도의 가스가 존재하지 않아야 한다.

▶ 여압

> 정상운용상태인 항공기의 최대 운용고도에서 객실여압고도

가 2,400m(8,000ft) 이하로 되도록 설비하여야 한다.
> 여압계통에 고장이 발생하더라도 4,500m(15,000ft) 이하의 객실여압고도를 유지할 수 있어야 한다.

▶ 방화시설
> 기내에 화재 발생에 대비한 휴대용 소화기를 구비해야 한다.
> 승객수 61 - 200인의 항공기에는 3개, 201 - 300인의 항공기에는 4개, 301 - 400인의 항공기에는 5개, 401 - 500인의 항공기에는 6개, 501 - 600인의 항공기에는 7개의 소화기를 구비해야 한다.
> 각 소화기에 요구되는 소화제의 양은 발생 가능한 화재의 종류에 대해 적당한 것이어야 한다.

▶ 낙뢰피해방지
> 항공기는 낙뢰에 의한 방전 및 전기적 충격으로부터 기체, 시스템, 탑승자가 보호되도록 하여야 한다.
> 연료 시스템은 낙뢰 가능성이 높은 부분에 낙뢰를 직접 맞은 경우에도 기화된 연료가 점화되지 않도록 설계하고 배치하여야 한다.
> 전기 및 전자 시스템은 항공기가 낙뢰를 맞은 후에도 그 시스템의 운용 및 운용 성능이 심각하게 영향을 받지 않도록 설계하고 장착하여야 한다.

3. 항공기의 안전을 위한 수백번의 시험평가와 제작증명

부품만 100만여개

    항공기는 첨단 과학의 집합체로써 그 부품만도 100만여 개에 이르며, 이를 세분하면 약 500만 개 이상이다.[23] 이들 부품들은 세계 각지에서 생산되어 조립공장으로 보내진다. 따라서 제품이 흘러가며 조립되어 단번에 완제품을 생산하는 컨베이어 방식conveyor type이 아닌, 조립 인원이 이동하며 수공업으로 제작하는 방식이 일반적이다.

    항공기의 구조는 매우 복잡하여 흔히 여러 개의 부분으로 분할하여 리벳rivet으로 조립하고 이들을 볼트bolt와 너트nut로 결합하는 방식을 취한다. 예를 들면 동체와 날개, 꼬리날개와 동체, 동체의 앞부분과 뒷부분 날개의 안쪽 부분과 바깥쪽 부분 등이 볼트와 너트로 연결되는 식이다. 최근에는 3D 프린터로 제작된 부품이 많이 사용되고 있어 조립 작업이 다소 수월해졌다.

사고 방지를 위한 시험평가들

    사고를 방지하기 위해 항공기는 제작과정에서부터 다른 운송수

---

23 장거리용 대형 여객기로 자주 운항되는 B747의 경우 약 600만개이다.

단에 비해 엄격하고 많은 단계의 시험평가를 거친다. 항공기가 안전하게 비행하기 위해서는 제작에 사용되는 소재가 원소재raw materials 상태에서부터 공학적으로 신뢰성을 확인할 수 있을 정도로 엄격하고 충분한 양의 시험이 이루어져야 하는 것이 필수이다.

항공용 소재와 부품은 설계 및 개발기간 중 다양한 시험방법을 이용해 수백 - 수천회의 시험을 거쳐 사용에 대한 승인을 얻어낸다. 이러한 엄격한 시험평가 과정을 통해 소재와 부품에 대한 안전을 확인하기 때문에 최근 들어서는 항공기 사고 발생이 현저히 줄어든 상태이다. 그러나 여전히 소재나 부품의 결함이 치명적인 사고의 원인이 되기 때문에 항공선진국들도 보다 발전된 기술을 개발하기 위하여 분주히 노력하고 있다. 기체의 설계 및 개발기간 중에 행해지는 각종 구조시험은 강도시험, 모의시험, 진동시험, 피로시험, 비행시험이 있다.

항공기의 시험평가는 전체 개발기간의 절반 이상이 소요되며 개발비용의 약 30%를 차지할 정도로 항공기 제작에 있어서 중요한 요소이다. 우리나라는 2018년 5월부터 경남 사천에 위치한 한국항공우주산업KAI 본사의 '항공기 구조시험동(棟)'에서 시험평가를 실시하고 있으며, 항공 제조업 활성화를 위해 경남테크노파크 항공우주센터 내에 '항공기 복합재 부품 시험평가를 위한 연구동'을 2021년 9월에 준공하였다. 동 연구동은 복합재료를 비롯한 다양한 소재와 관련된 역학시험, 화학시험, 비파괴시험, 환경시험을 실시하며, 복합재 및 부품의 설계·해석을 지원한다. 동 연구동은 항공 중소기업의 복합재 부품 기술개발과 직수출 지원 기반으로 활용될 예정이다.[24]

작은 부품 하나에도 필요한 국가 승인 기술기준적합성

제작증명Production Certificate은 항공기 제작자가 형식증명을 받은 항공기를 양산하고자 할 때 제작자의 생산시설과 그 품질관리시스템이 형식증명을 받은 항공기를 제작하기에 적합한지의 여부를 판단하는 증명으로, 생산되는 제품이 형식설계와 합치되도록 품질관리를 할 수 있는지가 증명돼야 한다.

또한 항공기에 사용할 장비품이나 부품이 정부에서 정한 기술기준에 적합하게 제작될 수 있는 인력, 설비, 기술, 검사체계 등을 갖추고 있는지에 대한 증명을 하는 부품제작자증명PMA; Parts Manufacturer Approval)도 받아야 한다.

4. 항공기 운항의 최종 관문인 운항증명

운항증명AOC; Air Operator Certificate은 항공운송사업 면허를 취득한

---

[24] 박상용, "KAI, 사천에 국내최대 항공기 구조시험동 준공", 한국경제신문, 2021년 12월 4일 접속,

항공사가 운항개시 전 안전운항을 위해 필요한 전문인력, 시설, 장비, 운항·정비지원체계를 갖추었는지를 종합적으로 확인하는 절차이다. ICAO는 국제기준에 따라 전 세계의 항공사들이 자국 정부로부터 필수적으로 취득해야 하는 안전능력을 검사받고 증명하도록 하고 있다.

대략적인 절차를 살펴보면, 항공사가 운항증명 신청을 하면 항공당국은 ▶분야별 감독관이 항공기, 시설, 장비 등의 매매계약 서류를 점검하고 ▶종사자 훈련계획, 비상탈출시 계획, 운항규정이나 정비규정 등이 적합한지를 서류로 심사한 후 ▶현장검사를 하여 최종적으로 합격하면 운항증명을 발급한다. 증명서를 받은 항공사는 규정된 책임을 이행하여야 한다.

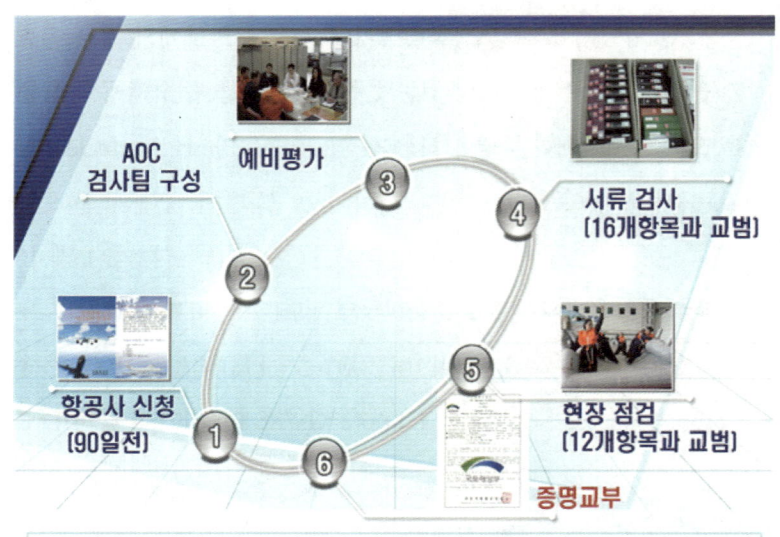

| 자료 038 운항증명 개념도

운항증명을 받기 위해서는 약 12개월이 소요되는데, 2016년에 설립된 에어로케이 항공Aero K Airlines의 경우 2019년 10월에 신청하여 2020년 12월에 운항증명을 발급받아 이듬해 3월에 첫 취항을 개시하였다. 에어로케이 항공을 예시로 운항증명 과정을 나열하면 다음과 같다.

▲ 분야별 항공안전감독관, 운항자격심사관 등 총 13명이 국가기준(85개 분야 3,805개 검사항목)에 따라 조직·인력·시설·규정 등에 대한 적정성 여부를 검사
> 서류심사로는 조종사·정비사·객실승무원·운항관리사 등의 전문인력 확보여부, 운항·정비규정 및 자체 안전관리시스템 SMS(Safety Management System) 등을 심사
> 현장검사로는 실제 항공기로 약 50시간의 시범비행, 항공기 탈출 슬라이드 전개 등의 비상탈출 시현, 종사자 자격·훈련 상태, 예비부품 확보상태, 취항예정공항의 운항준비상태 등을 확인

5. 점검 또 점검… 이어지는 운항 적합성 증명

항공기 운항 도중에 고장이 날 경우 큰 사고로 이어질 수 있으므

로 고장이나 고장의 발생 징후를 미리 발견하여 예방하는 것이 중요하다. 항공기 정비는 운항정비line maintenance와 공장정비shop or base maintenance로 나뉘어진다.

운항정비는 중간 점검transit check과 비행후 점검daily check이 있다. 중간 점검은 항공기가 출발하기 전에 하는 점검으로 항공기에 탑재된 액체^{25}나 기체류^{26}를 확인·보충하는 작업이다. 비행후 점검은 운항이 종료된 후 항공기를 주기 장소에 정박시켜 중간 점검보다 더 세심하게 점검하는 것을 말한다.

공장정비는 정기적으로 공장에 입고하여 정비를 받는 것으로 기체정비, 기관정비, 보기component/장비품equipment 정비가 있다. 기체정비는 운항단계에서는 할 수 없는 기체의 정기점검 및 기체 오버홀 Aircraft Overhaul을 말하며, 기관정비는 항공기로부터 기관을 장탈하여 점검·정비하는 것이다.

보기/장비품 정비는 항공기로부터 장탈된 보기와 장비품에 대한 정비로써 부품의 교환, 수리, 개조, 오버홀 등이 있다.

항공기 수리는 누가 어떻게 하는가?

항공기, 장비품, 부품 등을 수리 또는 개조할 때에는 그 항공기를

---

25 연료, 엔진오일 등
26 산소 등

| 자료 039 대한항공 격납고에 입고된 항공기의 공장정비 모습

소유한 항공사가 직접 하거나 외부의 전문수리업체에 맡기게 된다. 하지만 어느 쪽이건 수리 또는 개조한 내용이 국토교통부가 지정한 항공기기술기준에 적합한지에 대해 장관으로부터 승인을 받도록 되어있다.

또한, 항공사는 항공기를 출발시킬 때마다 그 항공기의 기체, 엔진, 장비품 등이 비행안전에 지장이 없도록 제대로 정비되었는지를 점검한 후 항공정비사자격증명을 보유한 담당 책임정비사로부터 확인서명을 받지 않는 한 그 항공기를 비행에 투입시킬 수 없다. 이러한 정비 확인은 중간 기착지에서도 해야 하는데, 만약 중간 기착지에 그 정비확인 업무를 수행할 항공정비사가 없다면 당초의 출발지에서부터 항공정비사를 항공기에 탑승시키고 운항해야 한다.

항공사는 항공기를 운영하거나 정비하는 중에 국토교통부령으로 정하는 고장, 결함 또는 기능장애가 발생한 것을 알게 된 경우에는 그 사실을 국토교통부 장관에게 96시간 이내에 보고하여야 하며, 이를 이행하지 않으면 과태료 부과 처분을 받게 된다.

이러한 조치들은 항공기 사고가 발생할 때마다 인명과 재산상 피해가 크게 발생될 수 있다는 점을 고려한 것이다. 민간 항공사가 소유한 항공기임에도 불구하고 항공안전 확보를 위해 국가가 직접 나서서 수리가 제대로 이루어졌는지, 고장 발생시 정확한 조치를 취하고 있는지 등을 확인하는 것이다. 비단 우리나라 뿐만 아니라 전 세계의 모든 국가가 ICAO 규정에 의거하여 이러한 조치들을 취하고 있다.

주기적으로 필요한 운항 적합성증명(감항증명)

전술한 바와 같이 항공기는 형식증명과 제작증명을 받아야 하며, 항공사는 항공기를 운항하기 전에 운항증명을 받아야 한다. 운항 후에도 개별 항공기들에 대하여 그 설계가 형식증명을 받았을 때의 형식설계에 합치하고 안전한 운항을 하기 위한 상태가 유지되고 있는

지를 국가로부터 일정한 주기로 확인받아야 하는데, 이것이 바로 운항적합성 증명(감항증명)이다. 이 증명은 「항공법」 제15조에 의거하여 국토교통부 장관에 의해 모든 항공기에 교부되며, 각 항공기는 운항시 기내에 감항증명서를 반드시 비치해야 한다.

국토교통부 장관은 일정한 감항성 기준을 설정하고, 장관이 임명한 검사관이 이 기준에 따라 항공기의 성능, 비행 성능(안정성과 조정성), 기체구조의 강도, 운용한계, 중량배분 등을 비롯하여 장착된 발동기 및 각 장비품에 이르기까지 모든 요소를 심사한다. 감항증명서의 유효기간은 원칙적으로 1년이다.

6. 최첨단의 정점에 서있는 항공기의 안전장치

항공기는 어떻게 발전되어왔을까. 최초로 항공기가 출현한 1903년 이후 1970년대까지의 항공기를 1세대 항공기라 한다. 1세대 항공기는 고(高)바이패스비 high bypass ratio 엔진, 관성항법장치, 자동착륙장치를 장착하였고, 조종실은 2명의 조종사와 1명의 항공기관사가 근무하도록 구성되어 있다.

1980년대부터 운항된 2세대 항공

| 자료 040 1세대 항공기의 조종실

기에는 디지털 항공전자장비인 EFIS_{Electronic Flight Instrument System}, PFD_{Primary Flight Display}, ND_{navigation display}, FMS_{Flight Management System}, FWCS_{Flight Warning Computer System} 등을[27] 도입하여 장착하면서 조종실에 항공기관사의 근무가 불필요하게 되었고, 이러한 종류의 항공기가 운영되면서 인원 축소 등의 효과로 인해 비용절감이라는 큰 이점을 가져다주었다.

1990년부터 운영되기 시작한 3세대 항공기는 혁신적인 디지털 비행관리 시스템을 장착한 중장거리 항공기로 항공기의 조종장치와 조종사의 조종장치를 연결하는 수단이 유압이나 기계적인 연결이 아닌 FBW('FLY By Wire')라는 새로운 비행조작 개념으로 전환되었다.[28] FBW를 장착한 대표적인 항공기로는 에어버스사의 A300·330·340과 보잉사의 B777이 있다. 이러한 신세대 항공기는 엔진의 FADEC_{Full Authority Digital Electronics Control} 시스템에 의해 작동되며 조종실에 설치된 CRT_{Cathode Ray Tube}[29] 화면의 크기가 커지고 전자계기의 수가 감소하였다.

이러한 발전을 통하여, 현대의 항공기에는 여러 종류의 안전장

---

27 이 장비들을 종합하여 glass cockpit으로 총칭하기도 한다.
28 항공기 비행 및 조종 시스템의 하나로써, 직역하면 '전선에 의한 비행'이란 뜻으로 기계적 제어가 아닌 전기 신호에 의한 제어를 의미한다. 전통적인 비행 조종 시스템은 기계구조와 유압에 의존하여 조종면을 직접 연결하는 방식인데 플라이 바이 와이어는 조종석에서 조종하는 신호를 컴퓨터가 해석하여 전기적인 신호를 유압 시스템에 제공하면 이것이 조종면을 조종하는 방식이다. 엔진 역시 비행 조종 컴퓨터에 의해 관리된다. "Fly‐by‐wire", wikipedia, 2021년 12월 4일 접속,
29 브라운관 방식의 디스플레이 장치

치가 구비되어있다. 공중 충돌을 방지할 수 있는 공중충돌방지장치 Airborne Colision Avoidance System, 항공기가 지상에 근접할 경우 발동하는 지상근접경보장치 Ground Proximity Warning System, 돌풍경보장치 Wind Shear Warning System, 사고예방 및 사고조사를 위한 항공기록장치 Flight Data Recorder, 조종실음성기록장치 Cockpit Voice Recorder 등이 있다.

공중충돌방지장치(TCAS)

공중충돌방지장치 TCAS; Traffic Alert and Collision Avoidance System 는 항공기 간의 충돌을 방지해주는 장치이다. 비행 중 다른 항공기가 근접하여 공중충돌 가능성이 있으면 충돌 40 - 45초 전(약 7.4㎞ 범위)에 조종실에 경고음을 발생시켜 조종사로 하여금 특별히 경계토록 한다. 충돌하기 약 20 - 25초 전까지 그 위험상황이 해소되지 않으면 조종사에게 상/하 또는 좌/우로 회피하도록 지시하며, 근래에는 그 기능이 더욱 향상되어 항공기가 자동으로 회피하도록 한다.

이 장치는 1996년 11월에 ICAO가 국제표준장비로 지정하여 객석수 19석 이상의 모든 항공기에 장착하도록 의무화하고 있으며, 이에 따라 우리나라 역시 2000년 1월부터 동일한 조건의 항공기에 탑재하고 있다.

TCAS의 화면 및 작동 원리는 다음과 같다.

자료 041
공중충돌방지장치

▲ **초록색** 선
- 컴퓨터에 입력된 항로

▲ **노란색** 항공기 아이콘 (항로 하단)
- 운항 중인 항공기의 현재 위치
- 표기되는 모든 수치에 대한 기준이므로 움직이지 않고 고정된 상태

▲ 각 아이콘의 상·하에 표기된 숫자
- 다른 항공기의 고도
- 양수의 숫자는 본 항공기보다 위, 음수의 숫자는 아래에 있다는 의미

- ▲ 각 아이콘에 있는 화살표
  - 해당 항공기의 고도 변화 (상/하)

- ▲ 내부가 채워져있지 않은 하얀색 사각형
  - 충돌 가능성이 거의 없는 항공기

- ▲ 내부가 하얀색으로 채워진 사각형
  - 충돌 가능성이 있는 항공기

- ▲ 내부가 주황색으로 채워진 사각형 (항로 우측)
  - 충돌 가능성이 높은 항공기
  - TCAS의 경고가 시작되며 "Traffic! Traffic!"이라는 음성이 출력

- ▲ 내부가 붉은색으로 채워진 사각형 (항로 좌측 하단)
  - 충돌 가능성이 매우 높은 항공기
  - 즉각적인 회피 기동을 요하는 상황
  - TCAS의 지시에 따라 고도 변경 필요

지상접근경고장치(GPWS)

지상접근경고장치GPWS; Ground Proximity Warning System는 비행 중 정해진 안전 높이보다 더 낮게 지상에 접근할 경우[30] 그 사실을 조종사가 육안이나 고도계로 인지하기 전에 먼저 감지하여 조종사에게 음향신호로 경고하는 장치로써, 항공기 사고를 줄이는데에 크게 기여하고 있다.

이 장치는 1995년 11월 ICAO가 국제표준장비로 지정하여 모든 항공기에 설치하도록 하고 있으며 우리나라 역시 이를 준수하고 있다. 비행 중 안전위험요소가 발생되면 조종실 내에 남성의 목소리로 큰 경고음이 발령되는데, 하강율이 지나치면 "SINK RATE, SINK RATE", 지형물에 지나치게 근접하면 "TERRAIN, TERRAIN", 그리고 이러한 경고에도 고도가 계속 낮아지거나 지면과 지나치게 인접해질 때에는 "WHOOP, WHOOP", "PULL UP, PULL UP"이라고 경고한다. "PULL UP"은 고도상승을 위해 조종간을 잡아당기라는 의미이다.

최첨단 자동차의 경우에도 앞 차량과의 간격이 좁혀질 때 자동으로 경보음이 울리며 브레이크가 작동되거나 차선을 벗어나면 경보음이 울리는 첨단 운전자 보조시스템advanced driver assistance system이 내

---

30 이착륙 시는 제외된다.

장되어있어 사고를 93%가량 감소시킨다는 통계가 있는데, 이것과 유사한 장치가 항공기에도 탑재돼있는 것이다.

GPS

옛 선원들은 망망대해를 항해할 때 하늘의 별을 보며 항구를 찾아가거나 산 속에서 나침반을 활용하여 목적지로 향했다. 1940년대 이후에는 지상 항법시스템을 사용하였는데, 지상에서 전파를 이용하여 항공기에 신호를 제공해주는 시스템의 특성으로 인해 산악지대 등에서는 지형적인 영향을 많이 받고 사용 범위에도 한계가 있었다. 이를 해소하고자 위성을 이용한 GPS Global Positioning System; 범지구위치결정시스템항법 시스템이 미국 국방부에 의해 개발되었다.

GPS는 많은 사람들이 알고 있듯이 위성을 이용해 자동차의 네비게이션에 교통 정보를 제공해주는데, 이 위성이 항공분야에서도 중요하게 활용되고 있다. 24개의 위성이 약 20,000km의 상공에서 하루 24시간 동안 지구를 중심으로 회전하고 있고, 항공기는 이 위성들로부터 전파를 수신하여 비행 중인 위치, 진행 방향, 속도, 고도 정보 등을 매우 높은 정밀도로 측정할 수 있게 해준다.

오늘날 항공기가 활주로에서 이륙한 후 가야 할 길(항로)을 찾고 그 길로 오랜 시간 동안 비행한 후 목적지 공항을 찾아 활주로에 착류할 때까지 거의 전 비행구간에 걸쳐 GPS가 이용되고 있다. 이제는 GPS가 없으면 원활한 장거리 비행이 불가능한 것이다.

이와 같이 비행에 중요한 역할을 하는 GPS는 1978년에 미국이 군사목적을 위해 최초의 시험용 GPS 위성을 발사하였고, 1983년에 소련 영공에서 격추되어 269명의 사망자가 발생한 대한항공 007편 사고를 계기로 레이건 대통령이 GPS를 민간 부문에 개방할 것을 공표하였다. 이후 1994년 1월까지 총 24개의 위성이 발사되었으며, 1996년에 클린턴 대통령이 민간 용도의 GPS 이용을 허가하였다.

자동착륙 기능

공항 도착을 앞둔 큰 덩치의 항공기가 빠른 속도로 강하하며 활주로에 착륙하는 과정에서 조종사가 신경써야 할 부분은 한 두 가지가 아니다. 고도, 속도, 강하율, 엔진출력, 조종실 내외에서 들려오는 각종 음향, 관제사의 관제지시 내용, 활주로 착륙방향에 적합한 항공기 각도 유지, 인근 장애물 식별, 공항 등화시설 확인 등 어느 것 하나 간단한 것이 없기 때문에 조종사들은 착륙시 항상 바쁘고 신경을 곤두세워야 한다.

이러한 상황을 조금이라도 개선시키기 위해 개발된 첨단기술이 자동착륙auto landing 기능이다. 조종사가 착륙 단계에서 고려해야 할 대부분의 일을 컴퓨터가 대신하여 항공기가 활주로에 안전하게 착륙할 수 있게 하는 것이다. 자동착륙 기능은 조종사가 직접 조종할 때 생길 수 있는 여러 형태의 인적 오류human error를 예방할 수 있기 때문에 크게 선호되고 있다.

자동착륙 기능을 이용할 경우, 최종착륙단계에서 전파고도계가 고도 약 50ft의 지형이나 장애물 등을 감지하면 강하降下중이던 항공기가 기수機首를 올리는 자세가 된다. 또한 자동출력제어장치가 자동적으로 엔진 추력을 감소시킴으로써 항공기가 저속으로 활주로에 접지하게 된다.

그러면 항공기가 자동착륙을 하는 동안 조종사는 무엇을 하고 있을까. 컴퓨터가 조종하여 항공기를 착륙시키고 있더라도 항공기의 모든 움직임에 대한 최종 책임은 언제나 조종사에게 있다. 따라서 조종사는 컴퓨터를 비롯한 각종 계기의 이상 여부를 철저하게 살펴보아야 하며, 그와 동시에 관제사의 무선지시에도 귀를 기울여야 한다. 만약 항공기 기체나 조종계통에 갑작스럽게 이상 현상이 발생하거나 관제사로부터 착륙허가 취소, 복행復行; go - around 등의 지시를 받으면 즉시 자동착륙기능을 해제시키고 직접 조종할 태세를 갖추고 있어야 한다.

자동조종장치

차량 중 크루즈cruise라는 기능을 탑재한 자동차에는 특정 속도를 설정해놓으면 엑셀러레이터나 브레이크를 작동시키지 않아도 경사와 관계없이 주행 속도를 자동으로 일정하게 유지시키거나 차선 이탈을 경고해주며 차량간 일정 간격 이상이 유지되도록 하는 기능들이 내장돼있다. 항공기에도 이와 유사한 자동조종기능이 있다.

장거리 비행을 하는 항공기는 대부분 약 30,000 - 41,000ft 정도의 높은 고도에서 직선과 직선으로 이어지는 항로를 따라 비행하게 된다. 수 시간 동안 기체의 고도와 자세를 동일하게 유지시키며 조종하는 조종사는 매우 지치게 되고 집중력도 저하될 수 있는데, 이런 상황에서 조종사를 도와주기 위해 개발된 것이 자동조종장치autopilot이다.

자동조종장치는 조종사가 사용 여부를 선택할 수 있는데, 이를 사용하는 쪽으로 스위치를 설정하면 컴퓨터가 배정받은 고도를 자동으로 일정하게 유지하면서 정해진 항로의 중심선을 따라 목적지 공항의 부근까지 운항하게 된다.

하지만 그 동안 조종사의 고유 업무가 사라지는 것은 아니다. 그 자동조종장치가 제대로 작동하고 있는지, 항공기의 뒷부분이나 엔진에서 이상한 소리가 들리지는 않는지, 어디에선가 다른 항공기가 접근하고 있지 않는지 등을 끊임없이 살펴보아야 하고, 무선전화 수신기를 통해 수시로 들려오는 관제사의 호출에 즉각 응답해야 한다.

기계의 도움을 많이 받긴 하지만 결국 조종의 완성은 인간이 하는 것이다.

비상위치지시용 무선표지설비

비상위치지시용 무선표지설비EPIRB; emergency position - indicating radio beacon는 항공기가 추락이나 불시착 등 조난상태에 있을 경우, 그 위치를 수색구조기관이 신속하게 알아내어 구조활동을 할 수 있게 해주는 무선송신장치이다. 기체에 의무적으로 1 - 2대를 설치하도록 정해져있으며, 송신하는 주파수는 406㎒이다.

항공기가 조난상태에 빠지게 되면 ▶EPIRB가 자동으로 작동되어 약 24시간 이상 조난신호를 인공위성으로 송신하며, ▶그 신호를 수신한 인공위성에서는 이를 다시 지상으로 재송신하고, ▶지상에서 그 신호를 포착한 해양경찰청 중앙구조조정본부 등의 수색구조기관에서는 신호에 포함된 정보를 분석하여 항공기가 있는 위치는 물론 그 항공기의 항공사, 기종, 등록부호, 연락처, 색상 등 필수정보를 확인하고 즉시 수색구조대를 사고현장으로 출동시키는 한편 항공사에도 연락을 취하게 된다. 인공위성을 통해 신호가 중계되므로 항공기가 지구상의 어느 곳에 있건 상관없이 요긴하게 이용된다.

장비의 설치는 통상 동체 위의 전면 부분에 하게 되며 구명보트에도 비치되어 있는데, 항공기가 약 5G[31]정도의 큰 충격을 받거나 구명보트에 달린 ELT에 물이 닿으면 자동으로 작동되며, 경우에 따라 사람이 손에 들고 작동시킬 수도 있다.

객실여압장치

항공기는 국제선의 경우 일반적으로 30,000ft 이상, 국내선의 경우 20,000 - 30,000ft의 고공에서 운항하므로 기압의 차이로 인해 객실내 공기가 부족할 수 있다. 이러한 문제를 보완하고자 객실여압장치cabin pressure control system를 설치한다.

여압與壓이란 기내의 공기압력을 높여서 지상의 기압상태에 가깝게 유지하는 것이다. 항공기에는 조종실과 객실을 밀폐하고 공기를 공급하여 내부 기압을 올려주는 이 여압장치를 탑재해야 한다. 항공기의 객실은 통상 지상 8,000 - 10,000ft의 기압에 맞춘다.

객실여압장치의 원리를 살펴보면, 객실 압력 조절기에 의하여 규정된 기압이 형성되도록 아웃플로우 벨브[32]outflow valve의 위치를 지정

---

31 중력가속도의 단위. gravity 단어의 앞글자로 표기한다.
32 아웃플로우 벨브는 객실내 공기가 일정한 압력이 되도록 날개의 플랩(flap)으로 객실 공기를 배출한다.

해준다. 아웃플로우 벨브는 지상에서는 완전히 열려있고 고도가 높아지면서 공기 유출량을 제한하기 위해 서서히 닫혀간다.

객실 기압을 올리는 데에는 블리드 에어bleed air를 이용한다. 블리드 에어는 뜨겁기 때문에 ACMair cycle machine; 공기 순환기에서 열을 식혀 객실로 공급되고, 아웃플로우 벨브를 통해 기체 밖으로 배출시키는 공기의 양을 조절하여 객실내의 여압정도를 조절한다. 배출되는 공기의 양은 아웃플로우 벨브의 열린 각도에 의해 정해진다.

블랙박스

블랙박스black box는 항공기의 비행상황을 기록하는 장치로, 조종실음성녹음장치CVR; Cockpit Voice Recorder와 비행자료기록장치FDR; Flight Data Recorder가 있다.

CVR은 조종실에서 발생하는 모든 소리를 저장하며, FDR는 항공기의 각종 데이터, 즉 조종실에서 이루어진 모든 조작행위와 FMSFlight Management System에 기록된 데이터[33]가 저장된다.

블랙박스는 항공기가 추락해도 (자체)무게의 3,400배를 견디고, 1,100°의 고온에서도 30여분간 버틸 수 있는 특수재질로 제작된다. 그 때문에 항공기가 호수나 바다에 추락해도 저주파를 발산하여 찾

---

[33] 비행 이후 사고 이전까지의 기상, 기압, 항공기의 속도와 방향, 항공기 부품의 비정상적 작동 등의 자료가 포함된다.

을 수 있으며, 자체 전원공급 배터리가 내장되어있어 수심 6천m 속에서도 30여일간 작동한다.

블랙박스는 커다란 충격이나 화재 속에서도 유일하게 손상되지 않고 사고 직전의 상황을 알려주는 장치로써, 외관은 명칭과는 달리 사고 현장에서도 눈에 잘 띄도록 형광을 입힌 주황색을 띄고 있다. 블랙박스는 대부분 비행기 꼬리의 아래 부분에 설치되는데, 항공기가 추락할 때 가장 충격을 적게 받는 부분이 꼬리이기 때문이다.

| **자료 042** 항공기의 블랙박스인 CVR(좌측)과 FDR

고도경보장치

항공기가 고도 29,000ft 이상에 위치했을 때, 1,000ft의 수직분리가 적용되는 공역에서 운항해야 할 경우가 있다. 이와 같이 선정된 고도로부터 벗어날 경우 운항 승무원에게 경보를 줄 수 있는 고도경보장치altitude alerting system가 항공기에 장착된다.

❖ 항공기에 낙하산을 설치할 수는 없을까?

항공기의 안전을 위하여 오늘날에도 수많은 전문가들이 아이디어를 내고 있다. 2015년, 우크라이나의 항공우주 공학자 블라디미르 타타렌코(Vladimir Tatarenko)는 항공기가 추락하는 등의 긴급상황 시 항공기 동체에서 객실이 통째로 분리되어 승객들이 안전하게 대피할 수 있게끔 제작된 항공기를 설계해 특허를 출원하였다. 항공기가 추락하면, 승객이 탑승한 객실이 캡슐과 같이 항공기 동체에서 미끄러지듯이 분리되고, 분리된 객실은 낙하산이 펼쳐져 지상이나 바다에 안전하게 착륙할 수 있게 하는 것이다.

제 5 장
항공기가 더욱 궁금해진다

1. 비행기와 항공기가 다른가요?

최근에 필자의 지인 중 한명은 미국에 다녀와서 '비행기를 타고 갔다'고 했고, 또 다른 지인은 제주도에서 돌아온 후 '항공기를 탔다'고 답했다. 비행기와 항공기, 정답은 무엇일까.

사실 둘 다 정답이다. 비행기와 항공기는 일반적으로는 같은 의미로 사용되고 있다. 그러나 ICAO에서는 비행기와 항공기를 구분하고 있으며, 우리나라에서도 「항공법」에 따라 구분하고 있다.

항공기, 즉 'aircraft'는 '인간이 탑승하여 하늘을 날아다니는 기구'를 총칭한다. 따라서 항공기에는 비행기(airplane 또는 aviation), 헬리콥터, 활공기滑空機; glider, 비행선, 열기구 등이 포함된다.

이 중 '비행기'는 '조종사가 탑승하여 양력을 발생시키는 날개와 추력을 내는 동력장치로 비행하는 물체'이다. 즉, 우리가 타고 다니는 여객기는 항공기 중 비행기에 해당하는 것이다. 물론 전투기도 비행기에 해당된다.

한편 비행기의 엔진은 엔진 수에 따라 단발엔진과 쌍발엔진으로 나뉘고, 엔진의 종류에 따라 프로펠러(왕복식)엔진, 제트(가스터빈)엔진, 로켓엔진으로 구분된다.

2. 저 무거운 항공기는 대체 어떻게 날까

항공기가 비행하는 원리는 새가 하늘을 나는 원리와 비슷하다. 물체가 하늘을 날기 위해서는 앞으로 나가는 추력thrust과 하늘로 부양하는 에너지인 양력lift이 필요하다. 어떤 물체가 앞으로 나가려는 추력이 있다고 해도, 공기의 저항보다 약하면 앞으로 나아갈 수가 없다. 따라서 추력은 항력drag보다 커야 한다. 또한 아무리 양력이 있다고 하더라도 지구의 중력gravity보다 적으면 뜰 수 없다.

| **자료 043** 항공기에 작용하는 4가지 힘

따라서 항공기는 항력보다 큰 추력, 중력보다 큰 양력을 발생시키는 원리를 이용하여 뜨게 되는 것이다. 그리고 항공기를 밀어주는 큰 추력을 얻기 위해 엔진을 고안하여 장착하였고, 양력을 발생시키기 위해 새의 날개와 유사한 항공기 날개wing를 고안하게 되었다.

양력의 원리는 흔히 베르누이의 정리Bernoulli's theorem라고 불리는 원리에 의하여 설명된다.

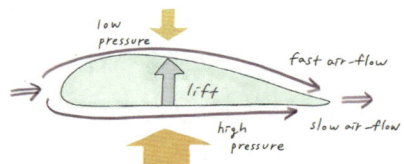

| **자료 044** 베르누이의 정리

물질은 압력이 높은 곳에서 낮은 곳으로 이동하게 되는데, 베르누이의 정리에 의하면 ▲유속이 빠르면 압력이 낮고 ▲유속이 느리면 압력은 높다. 예를 들자면, 유체가 유관을 통과할 때는 관의 너비와 관계없이 항상 일정한 질량으로 통과하는데, 면적이 넓으면 유속이 느려지고 면적이 좁으면 유속은 빨라지는 것이다. 고무 호스를 손으로 잡고 누르면 물줄기가 더 세게 나가는 것과 같은 원리이다. 이를 항공기에 적용시켜보면, 날개가 양력을 발생시키는 원리는 항공기 날개의 위쪽 표면을 스쳐지나가는 공기의 속도와 날개 밑을 지나가는 공기의 속도를 다르게 함으로써 가능한 것이다.

항공기의 날개는 양력을 발생시킴으로써 항공기를 공중으로 떠오르게 하는 역할을 한다. 항공기의 날개를 수직으로 자른 단면을 에어포일airfoil 또는 날개 단면이라 하는데, 에어포일은 유선형으로 되어있다.[34]

항공기로 우주까지 날아갈 수 있을까

항공기가 하늘을 날기 위해서는 공기가 필요한데 높이 올라갈수록 공기의 양이 희박하기 때문에 고도의 한계가 있다. 제트엔진jet engine은 공기를 흡입해 연료를 태우고 이 때 발생한 가스를 내뿜으며 앞으로 나아가는데, 성층권 정도의 높은 하늘에서는 공기가 부족하기 때문에 갈 수 없다.

그러면 우주에는 갈 수 없을까? 물론 민간 여객기는 불가능하지만 로켓은 가능하다. 지구에는 중력이 있고, 로켓에는 작용/반작용의 원리(뉴턴의 운동법칙 중 제 3법칙)가 있다. 항공기가 양력으로 날아오른다면 로켓은 작용/반작용의 원리를 이용하여 움직이는 것이다. 로켓이 발사될 때 강한 불꽃과 연기를 뒤로 뿜어내는 이유도 여기에 있다. 불꽃을 뿜어내는 작용이 생기면 그 반대 방향으로 반작용이 생긴다.

반작용
분사된 고온·고압의 가스가 로켓을 미는 힘

| 자료 045
로켓의 추진 원리

반작용
로켓이 연료를 연소하여 발생한 고온·고압의 가스를 분사

---

34 ㈜키스컴, 『무인항공기 운영자를 위한 항공개론』, ㈜키스컴, 2014

3. 정교함의 대명사, 항공기의 구조

항공기의 구조는 크게 기체구조Airframe structure와 동력장치 powerplant; engine로 구분된다.

기체구조 중 동체胴體는 항공기의 뼈대와 같은 중심이다. 인류 최초로 동력 비행에 성공한 라이트 형제Wright brothers가 제작한 복엽기複葉機인 플라이어 1호Flyer I는 주익主翼이 상하로 설치되었고, 오늘날의 항공기와 같은 동체가 없어 조종사가 주익 위에 걸터앉아 조종을 해야했기 때문에 매우 위험하였다. 실제로 미 육군에서 라이트 형제의 항공기 성능을 확인하기 위해 파견된 토마스 셀프리지Thomas Selfridge 중위는 오빌 라이트가 조종하는 항공기에 탑승했다가 추락사고로 사망하였다.

동체가 없으면 항공기가 위험하다는 것을 확인한 프랑스의 루이 블레리오Louis Bleriot, 1872 - 1936는 조종사가 탑승할 수 있는 공간을 확보하고 방향을 조종하는 날개를 앞쪽에서 뒤쪽으로 옮긴 새로운 항공기를 개발하였다. 블레리오가 개발한 항공기의 형태는 오늘날까지도 이어지고 있다.[35]

---

35 유용원, "항공기 동체", 유용원의 군사세계, 2021년 12월 4일 접속,

1) 날개

항공기의 날개는 공기의 저항을 줄이고 빠른 속도로 비행할 수 있도록 얇게 만들어져 있으며, 주 날개와 꼬리 날개가 있다.

주 날개

주 날개는 항공기의 기동성을 증가시키는 한편 다양한 공기의 흐름을 조작할 수 있는 기동장치 부위들이 존재하는데, 크게 플랩flap과 에일러론aileron으로 구성된다.

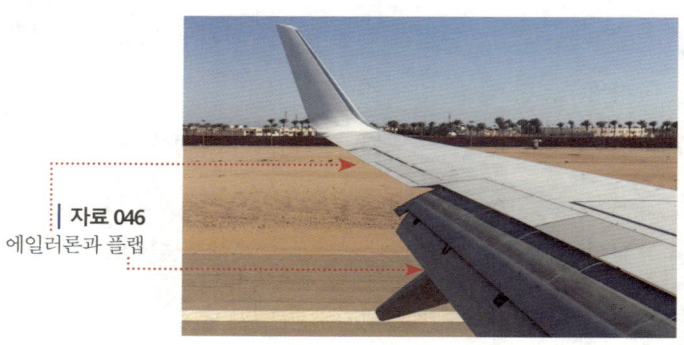

| 자료 046
에일러론과 플랩

- 플랩은 기체의 고속 비행, 상승·하강 비행을 도와주는 역할을 한다. 플랩을 통하여 좌우 회전을 비롯한 자유로운 비행이 가능하다.

- 날개 끝 후방에 존재하는 에일러론은 항공기가 비행중 선회할 때 결정적인 역할을 한다. 기체를 한 방향으로 회전하도록 한 뒤 플랩을 조작하면 그 방향에서 상승하거나 하강할 수 있다. 예를 들어, 우측으로 선회하고자 한다면 에일러론을 통해 기체를 오른쪽으로 회전시킨 뒤, 플랩을 위로 당기면 오른쪽으로 회전한 상태에서 상승하며 우측으로 비행하게 된다.

꼬리날개

 기체의 후미에 있는 꼬리날개는 항공기의 무게중심이 한쪽으로 과도하게 치우치지 않게끔 안정적인 비행을 하도록 해주는 날개이다. 꼬리날개에는 수직꼬리날개와 수평꼬리날개가 있다.

- 수평꼬리날개 후방에는 엘리베이터elevator가 있으며, 항공기의 기수를 올리거나 내리는 역할을 한다. 또한 이착륙, 상승, 하강에도 사용된다.
- 수직꼬리날개 후방에는 러더rudder가 있다. 러더는 항공기가 좌우로 회전할 수 있도록 돕는다.

| 자료 047
러더와 엘리베이터

2) 엔진

항공기에 탑재된 엔진의 종류에는 터보엔진turbojet engine과 왕복엔진reciprocating engine이 있다.

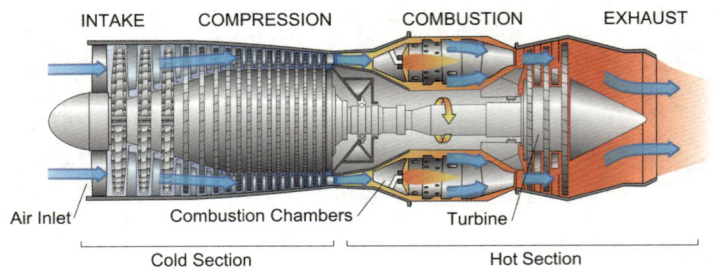

| 자료 048 엔진의 구조

- 터보엔진은 압축공기를 이용하는 것으로 컴프레션compression을 통해 공기가 압축되어 넓은 관으로 공기를 빨아들이고 좁은 구멍으로 공기가 빠져나가는 압력을 이용하는 것이다.
- 왕복엔진은 흡입·압축·점화·배기의 절차를 거쳐 공기가 압축됐을 때 점화되면서 피스톤이 밀려나가는 순간 원동기를 돌리는 원리이다.

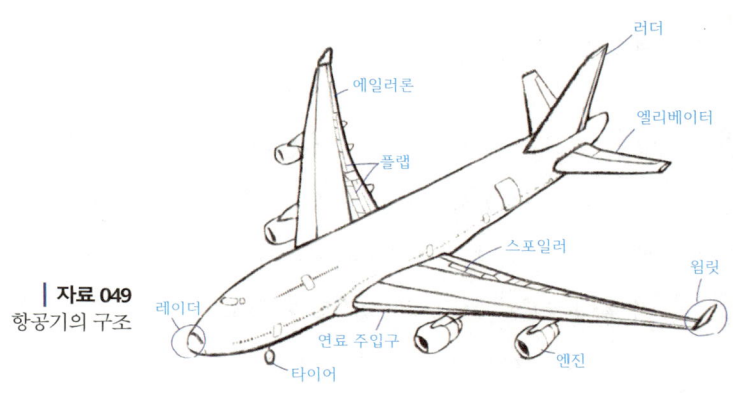

자료 049 항공기의 구조

구분	세부구분	내용
기체구조	동체 (fuselage)	조종실, 객실, 화물실
	주날개 (main wing)	보조날개 (aileron), 플랩 (flap), 스포일러
	강착장치	스트럿 (landing gear strut), 바퀴 (wheel and tire), 브레이크 (brake)
	꼬리날개	수직꼬리날개 (vertical stabilizer), 방향키 (rudder), 수평꼬리날개 (horizontal stabilizer), 승강키 (elevator)
동력장치	압축기	로터 (rotor) 스테이터 (stator)
	연소실	외측 케이스, 라이너, 연소노즐, 점화기, 화염 연결관
	터빈	로터 (rotor) 스테이터 (stator)

자료 050 항공기의 구조와 명칭

제2편 항공기에 탑승하다

3) 기체의 재료

초기의 항공기는 나무로 중심틀을 만들고 그 위에 천이나 양철을 부착해 제작했는데, 이후에는 알루미늄이 개발되면서 천과 양철을 대체하게 되었다. 알루미늄은 같은 부피의 강철과 비교했을 때 무게가 1/3에 불과할 정도로 가볍지만 강도가 약한 것이 단점이었다.

독일의 금속공학자였던 알프레트 빌름Alfred Wilm, 1869 - 1937은 1906년에 알루미늄에 구리와 마그네슘을 첨가해 알루미늄 합금인 두랄루민duralumin을 발명하였는데, 가볍고 단단해 최적의 항공기 재료로 각광받았다. 최근에는 합성수지, 유리, 탄소, 아라미드aramid를 혼합한 복합소재를 많이 사용하고 있다.

보잉사에서 2011년부터 제작한 B787의 경우 동체의 소재로 무게는 강철의 1/4에 불과하지만 강도는 10배에 달하는 첨단 소재인 탄소 복합재의 비중을 50%로 늘렸다. 항공기에 사용되는 복합재인 CFRPCarbon Fiber Reinforced Plastic; 탄소섬유강화 플라스틱는 ▶탄소섬유, 유리섬유 등의 소재와 접착재료 등을 각도를 달리해 적층積層하고 ▶공기를 뺀 후(bagging) ▶진공상태에서 강하게 압축하고 ▶오토클레이브autoclave 내에서 열을 가하는 과정을 거쳐 완성된다.[36] 이는 탄소 섬유와 에폭시 수지를 결합한 것으로, 섬유 원료에 열을 가하면 산소,

---

36 "비행기에는 어떤 소재가 사용될까?", KAI(블로그), 2021년 12월 4일 접속,

수소, 질소 등의 분자가 빠져나가고 탄소만 남는다. 나무를 태우면 탄소 덩어리인 숯만 남는 것에서 알 수 있듯이 탄소가 열에 강하기 때문이다. 보잉사는 금속동체에 비해 부식이 거의 이루어지지 않는 탄소복합재의 사용으로 정비횟수를 줄여 정비 부문 비용을 30% 가량 감소시켰다.[37]

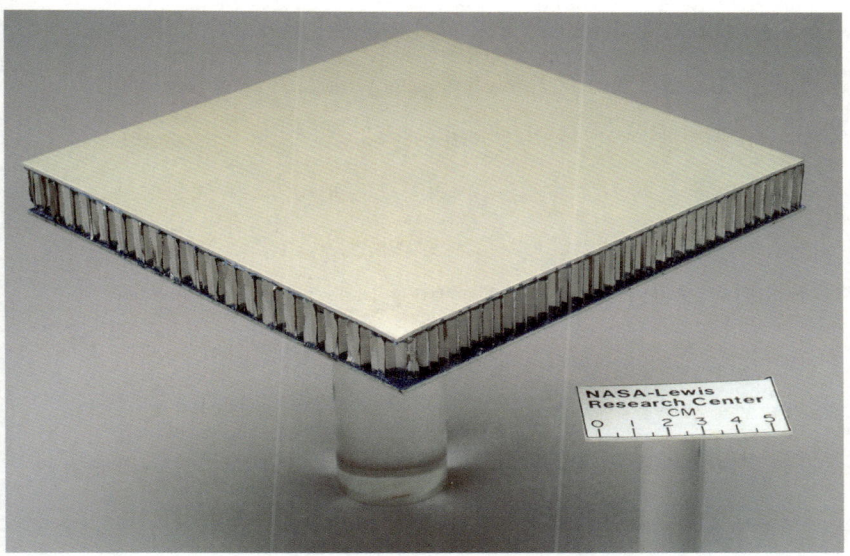

| **자료 051** 항공기 기체에 사용되는 탄소 복합재

---

37 신은진, "여객기의 새 역사… 보잉787, 알루미늄 벗고 탄소섬유를 입다", 조선비즈, 2021년 12월 4일 접속,

4) 항공기의 연료는 얼마나 필요할까

항공기가 운항 도중 연료가 부족해지면 대처할 방법이 없으므로, 연료에 관한 가이드 라인에 의해 항공유를 급유해야 한다.

우선 항공기가 목적지까지 비행하는데에 필요한 소모연료(burn-out fuel)를 기본으로 항로의 기상상태나 관제조건 등의 변동을 고려한 일정률의 비상연료(contingency fuel), 목적지 상공에서부터 변경된 비행장까지의 비행에 필요한 대체연료(alternate fuel), 상공에서 30분간 대기할 수 있는 대기연료(holding fuel), 비상상황에 대비한 추가연료(extra fuel)를 탑재해야 한다.

항공기에 내장된 대부분의 가스터빈 엔진은 'jet a-1'이라는 연료를 사용하는데, 이는 산화방지제, 부식방지제, 결빙방지제, 미생물 살균제 등을 첨가한 제트연료이다. 자동차용 가솔린에 비하여 단위 중량당 발열량이 높고, 영하 455℃에서도 얼지 않을 정도로 빙점이 낮으며, 화재가 발생해도 인화점이 높아 성냥불 정도의 발화에는 불이 붙지 않는다.

탑재되는 연료량은, B747 기종은 최대 1천드럼[38] 이상, B777 기종은 900드럼, A330 기종은 760드럼이다. A380의 경우 최대 1,617드럼이 탑재되어 대략 32만L의 연료가 기내에 실린다.

---

38 항공유 1드럼(drum)이 대략 200L 정도이다.

항공기 연료는 항공사 전체 매출의 30 - 40%를 차지할 정도로 영업 측면에서 중요한 요소로, 민항기는 연비를 고려하여 시속 800 - 900㎞/h를 유지하며 운항한다.

현재 지구 온난화에 따른 탄소중립 실현을 위해 국내 항공사들도 '친환경 비행'에 속도를 내고 있는데, 대한항공은 2021년부터 SK에너지와 함께 탄소중립 항공유 도입을 추진하고 있다. 탄소중립 항공유는 원유 추출, 정제, 이송 등의 생산 과정에서부터 사용에 이르기까지의 전 과정에서 발생하는 온실가스양을 산정한 뒤 해당량 만큼 탄소배출권으로 상쇄해 실질적 탄소 배출량을 '0'으로 만든다.

5) 바퀴

항공기는 수백t의 무게와 함께 뜨고 나리는데, 타이어가 이를 지탱하는 것을 보면 가끔은 참 신기하기도 하다. 항공기의 타이어는 자동차의 타이어와 무엇이 다르며 어떻게 관리할까?

항공기의 타이어는 몇 개일까

우리가 자주 접하는 B747 기종의 타이어는 18개나 되며, A380은 무려 22개이다. B747기의 경우 약 400t 이상의 무게를 견뎌야 하므로 타이어 1개가 약 20t의 무게를 감당하는 셈이다. 기체마다 약간의 차이는 있지만 대개 약 200psi[39]의 압력을 견뎌낼 수 있어야 하는데, 이는 일반 자동차 타이어(약 40psi)의 약 5배 이상으로 매우 단단한 정도이다.

엄청난 충격과 열을 견디는 항공기의 타이어

항공기의 제동력은 활주로 표면과 타이어의 직접적인 마찰로 형성된다. 그 때문에 항공기의 타이어에는 자동차의 타이어와 달리 일반 공기가 아닌 불화성 기체인 질소를 주입하는데, 이착륙시에 지면과의 마찰에 의해 발생하는 큰 충격과 고온의 열을 받아도 안전하기 때문이다.

일반 자동차의 경우 타이어의 주행수명이 보통 3만km인것에 비해 항공기의 타이어는 이보다 훨씬 짧다. 항공기 타이어의 수명은 착륙횟수와 트레드tread의 마모상태로 결정되는데, 약 250 - 300번 이착륙하면 그 수명을 다하게 된다. 항공기 타이어는 착륙시마다 강한 충격을 받기 때문에 (기종에 따라 차이는 있지만) 통상 2 - 3개월 사용 후에 교체하며, 땜질이나 재사용이 불가능하다. 물론 운항거리가 길어 상대적으로 착륙 횟수가 적은 기종은 4 - 5개월 단위로 타이어

---

39 타이어의 공기압을 측정하는 단위.

를 바꾸기도 한다. 가격은 개당 100 - 150만원 수준이다.

| **자료 052** 항공기의 타이어

앞서 언급했듯이 타이어는 착륙시 열을 받아 높은 온도 상태가 되는데, 이렇게 타이어가 고온 상태인 경우에는 다시 이륙할 수 없다. 적어도 십여분 정도의 시간을 통해 타이어를 식히는 시간이 필요한 것이다.

또한 대부분의 항공기는 앞바퀴가 뒷바퀴보다 작다. 이는 대부분의 항공기가 기체의 무게중심 뒤쪽에 메인 랜딩기어를 장착하는 후륜 방식을 사용하기 때문이다. 후륜 방식을 사용하는 항공기는 앞바퀴에 걸리는 하중이 뒷바퀴보다 적기 때문에 타이어의 크기가 상대적으로 작다.

참고로 '타이어'라는 이름은 미국의 화학자였던 찰스 굿이어 Charles Goodyear Jr., 1800 - 1860가 자신이 1903년에 개발한 고무 바퀴에 붙일 이름을 고민하던 중 그의 딸이 '자동차에서 가장 피로한 부분은 바퀴인 것 같다'라는 말을 한 것에 착안해 타이어('tire')라는 명칭을 붙이게 되었다고 한다.

4. 항공기의 개발사(史)

레오나르도 다빈치와 몽골피에 형제의 풍선 열기구

 이탈리아의 예술가이자 과학자인 레오나르도 다빈치Leonardo da Vinci, 1452 - 1519는 1485년에 새의 관찰을 통해 공중으로 뜨는 힘과 공기저항을 연구하여 사람이 새와 같이 날개를 퍼덕여서 날 수 있는 장치인 날개치기 비행기(Ornitoper)를 설계하고 모형을 개발했다.

 그리고 300여년 뒤인 1783년, 몽골피에 형제가 풍선 열기구를 이용하여 파리 상공을 약 500m 높이로 25분간 8km 가량 비행하였다. 이륙 동력으로 이용한 것은 양털과 짚을 태운 열기였다.

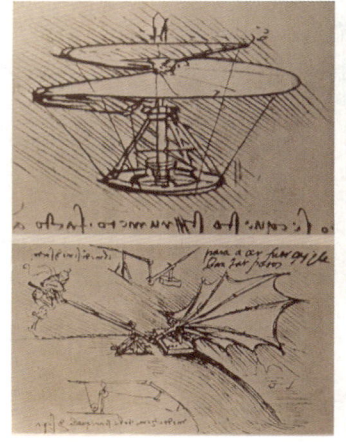

▲ | 자료 053 몽골피에 형제의 열기구

◀ | 자료 054
레오나르도 다 빈치가 설계한
날개치기 비행기

라이트 형제가 개발한 인류 최초의 동력 항공기

1903년, 라이트 형제가 미국 노스캐롤라이나 주 키티호크Kitty Hawk 근처의 킬데빌Kill Devil Hills 언덕에서 복엽기複葉機(복엽 글라이더)를 타고 약 300m의 비행에 성공하였다. 복엽기는 위·아래로 날개가 2개 있는 글라이더로써 날개폭은 12.29m이고 무게는 274kg이며, 4기통[40] 12마력[41]의 수랭식water cooling 가솔린 기관을 장착하였다. 인류 최초로 동력비행에 성공한 순간이었다.

"플라이어호Flyer"라는 이름이 붙여진 이 항공기의 엔진과 프로펠러는 모두 라이트 형제가 직접 제작한 것이다.

| 자료 055
미국 워싱턴의 국립항공우주박물관(National Air and Space Museum)에 전시돼있는 플라이어 1호기

| 자료 056
필자가 플로리다의 엠브리 리들 항공대학교(Embry - Riddle Aeronautical University)에서 촬영한 복엽기

---

40 실린더(cylinder)가 4개인 엔진을 뜻한다.
41 75kg의 물체가 1초당 1m 움직이는 힘을 1마력으로 정의한다.

루이 블레리오의 단엽기

1909년에는 프랑스의 루이 블레리오Louis Bleriot, 1872 - 1936가 단엽기單葉機로 32분 동안 40km를 비행하여 영불해협을 횡단하였다.

| 자료 057
루이 블레리오의 단엽기

찰스 린드버그의 단발엔진

| 자료 058
찰스 린드버그

1927년에 미국의 찰스 린드버그Charles Lindbergh, 1902 - 1974가 롱아일랜드Long Island에서 단발엔진으로 33시간 39분동안 5,810km를 비행하여 프랑스 파리까지 대서양 횡단에 성공하였다. 인류 최초의 장거리 비행이었다.

보잉사의 쌍발 민간여객기 개발과 항공기 제작산업의 발전

1933년에 미국의 보잉사에서 최초로 완전 금속제 저익低翼 단엽 쌍발 민간여객기로써 10인승 B247을 개발하였으며, 순항 속도는

250㎞/h였다. 이것을 기점으로 항공기 제작산업이 비약적으로 발전하여 1954년에는 보잉사에서 최초로 140 - 190인승의 장거리용 제트항공기인 B707을 개발, 첫 시험비행을 하였다. 1960년에는 B707의 연료 효율을 향상시킨 B720의 운항이 시작되었다. 1969년에는 B747이 첫 비행을 시작하였다.

한편 영국과 프랑스는 1962년에 콩코드기[42]Concorde의 개발에 착수하여 1969년에 시험비행을 성공시켰다. 2004년에는 최대 853명까지 탑승할 수 있는 초대형 여객기인 에어버스사Airbus SE의 A380이 완성되었다.

---

42 초음속 비행기

| **자료 059**

상단 좌측부터 시계방향으로 B247, B707, B720, B727,
하단 좌측부터 시계 반대방향으로 B737, B747, B757, B767.
B247을 제외한 전 기종이 지금 이 시각에도 분주히 하늘길을 오가고 있다.

제 3편
항공기, 하늘을 날다

제6장
이륙에서 착륙까지

지금까지 우리가 탑승하는 항공기의 얼개에 대하여 알아보았다. 이제부터는 설계·제작과정에서 철저한 검증을 거친 항공기가 최첨단 안전장치를 활용하여 더욱 안전하게 하늘을 날기 위해 어떤 운항기준과 사전 준비가 필요한지 살펴보고자 한다.

1. 승객이 탑승하기 전 항공사는 무엇을 준비할까

비행계획서를 수립하다

안전한 항공기 운항의 첫걸음은 비행계획서의 수립에서 시작된다. 운항관리사는 통상 운항 3일 전에 비행계획서를 작성한다. ICAO

에서는 비행계획서의 양식을 표준화하여 전 세계 모든 항공기의 운항에 적용하고 있으며, 우리나라도 국토교통부에서 제정한 항공기 운항기술기준에 비행계획서 표준 양식이 있다.

비행계획서에는 기상, 승무원 명단, 비행할 항로의 좌표, 바람, 외기 온도外氣 溫度, 속도, 고도, 비행 거리 및 시간, 탑재 연료, 예상 승객 수, 화물량, 이착륙 시의 중량, 무선통신 장비, 항공로와 순항 속도·고도, 목적지 비행장 및 교체 비행장, 비상·생존장비[43] 등이 있다.

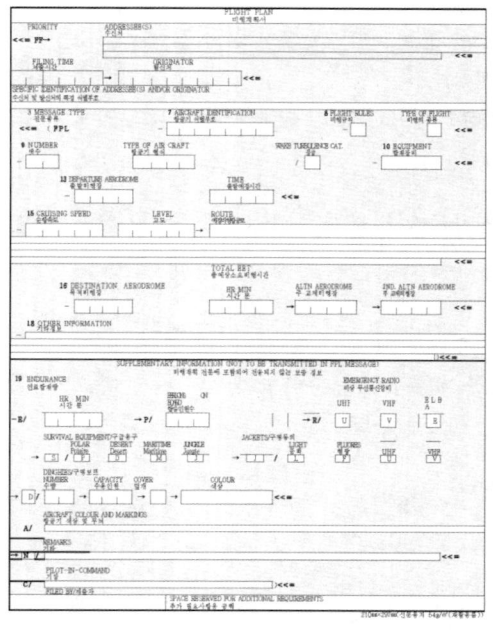

| 자료 060
비행계획서

---

43 구명보트, 혹은 구명동의(救命胴衣)

운항브리핑과 합동브리핑

비행계획서를 토대로 운항 스케쥴이 나오고 출발 시간이 가까워지면 기장과 부기장, 운항관리사가 모여서 해당 비행편에 대한 운항 브리핑을 실시한다. 주요 내용에는 비행에 관한 일반적인 사항과 비행에 영향을 미칠 수 있는 특별한 사항이 포함된다.

객실 승무원 역시 국제선의 경우 이륙 180분 전에 객실 사무장 주관 하에 임무 분담, 용모 및 휴대품 점검, 신규 업무지식 등에 관한 지시사항을 전달받는다.

운항 브리핑이 끝나면 기장의 주관 하에 객실 승무원까지 포함된 전 승무원들이 합동 브리핑을 실시한다. 동 브리핑에서 객실 승무원은 목적지, 비행시간, 항로, 기상 조건 등을 비롯한 기타 유의사항에 대해 청취한 후 출발 60분 전에 탑승하여 비상장비 및 기내 시설의 이상유무, 비행중 필요한 기내용품의 수량 및 탑재 여부, 기내의 청결 상태 등을 포함한 객실서비스에 관한 제반 사항을 확인하여 비행에 차질이 없도록 준비한다.

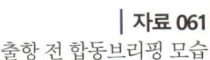

| 자료 061
출항 전 합동브리핑 모습

비행전 점검

조종사는 항공기에 도착하면 비행전 점검을 실시한다. 비행전 점검 과정에서는 반드시 점검표에 따라 조종실, 객실, 기체 외부 점검을 실시해야 한다.

- 조종실 점검은 조종실 내의 각종 스위치가 안전한 위치에 있는지 확인하는 것이다.
- 기체 외부점검은 기장이 기체 엔진, 날개, 항공기 표면 등의 치명적 결함 여부를 육안으로 점검하는 형태로 이뤄진다. 타이어의 외관과 압력, 제어장치 상태 등 항공기의 안전에 필요한 각 요소들을 8 - 20여분에 걸쳐서 점검하게 된다.
- 객실 승무원이 행하는 객실 점검은 출입문, 전자계통 장비의 이상 유무, 비상 출입문의 가스 압력, 소화기, 메가폰, 구명복, 산소마스크, 구급함, 인공호흡 튜브, 맹인용 점자, 긴급안내 책자, 휴대용 소화기, 도끼, 손전등, 포승줄 등 유사시 사용되는 여러 품목이 정해진 위치에 있는지, 그리고 수량은 정확한지 등의 여부를 확인한다.

모든 점검이 끝나면 정비사가 작성한 탑재용 항공일지를 확인하고 서명함으로써 최종적으로 조종사(기장)가 항공기의 운항책임을 인수하게 된다. 이 탑재용 항공일지에는 항공기의 운용상태, 연료보급 현황, 이전의 비행 중 있었던 결함과 이에 대한 정비작업 현황 등이 상세히 기록되어있다.

요즘은 대부분의 항공사가 비행계획서와 항로 지도 등의 필수 구비사항을 서류나 책자 형태가 아닌 태블릿PC를 활용하여 사용하고 있다. 또한 추가적으로 운항증명서 등 제반규정을 포함한 모든 요소를 갖추어야 한다. 이러한 점검 및 준비가 완료된 후에야 기장이 승객들의 탑승을 허가하게 된다.

▲ 조종사의 외부 점검

▲ 객실 승무원의 객실 점검

▲ 기장의 조종실 점검

▲ 정비사의 최종 서명

| **자료 062**
비행 전 점검 과정 모습

2. 시동 및 활주로 이동

항공기의 내·외부 점검이 끝나고 최종적인 출발 준비가 완료되면 엔진의 시동을 걸게 된다. 이런 시동 절차도 정해진 점검표에 의해 진행된다.

항공기의 시동은 주기된 위치에서 바로 시동이 진행되는 경우도 있으나, 여객기의 경우 여객터미널을 향하고 있는 상태에서 지상의 차량에 의해 향후 항공기가 진행될 방향으로 밀려진 후 시동을 걸게 된다. 이를 푸시백push back이라 한다.

| 자료 063
항공기의 push back 모습

푸시백 후 시동을 걸어야 하는 경우에는 공항의 계류장관제탑에 요청하여 푸시백 인가를 받고, 시동 전 엔진의 전방에 위험하게 근접한 인원이나 장비가 없는지 확인한 후 정해진 순서에 따라 시동을 걸게 된다. 점보기[44]Jumbo Jet인 B747의 경우 4개의 엔진을 가장 우측의 4번 엔진부터 좌측의 1번 엔진까지 차례로 시동걸게 된다. 시동이 완료된 후에는 다시 점검표에 따라 모든 장비, 계기, 통신장비 등이 정상적으로 작동하는지를 확인하게 된다.

이러한 절차가 완료된 후 이륙을 위한 지점으로 이동하여 계류장 관제탑에 지상 활주의 인가를 요청한다. 인가를 득한 후 조종사는 주기장으로부터 유도로를 통하여 항공기를 지상 활주시킨다. 소형 프롭기[45]의 경우에는 대개 방향키rudder를 이용하나, 대형 민항기 등은 지상 활주를 위해 스티어링 시스템[46]steering system을 별도로 장착하고 있다.

객실 승무원의 승객 안전 브리핑

항공기를 탑승하면 항상 보는 것이 승무원의 비상상황 행동요령 시범이다. 그러나 많은 승객들이 무심코 지나치는 경우가 있는데, 비상시에는 자신의 생명을 지킬 수 있는 중요한 요소이므로 관심을 갖고 대응 요령을 익혀야 한다.

---

44 한번에 많은 승객의 탑승이나 화물 적재가 가능한 항공기. 대표적으로 A380이나 B747 기종이 있다.
45 '프로펠러 항공기'의 줄임말.
46 차량이나 항공기 등의 운전자가 원하는 방향으로 차체(기체)를 진행할 수 있게끔 해주는 연결장치이다.

| **자료 064** 안전브리핑 중인 객실 승무원

　모든 항공사의 승무원은 승객이 잘 볼 수 있는 비상구나 지정된 위치에서 직접 비상장비의 사용을 시연하는 안전브리핑을 하나, 오늘날에는 비디오 장비로 실시하는 경우도 있다.

　주요 내용으로는, 탑승시 수하물 보관, 흡연 규정, 전자장비 이용, 좌석벨트 사용법 및 사용 조건, 산소마스크 사용방법, 승객 안전카드의 위치와 비치 목적, 비상탈출구와 비상탈출 유도등의 위치, 구명조끼를 비롯한 기타 생존장비의 위치와 사용법 등이다.

　항공안전 관련 법규에서는 승무원으로 하여금 ▲흡연제한과 금지, ▲비상구의 위치와 사용 방법, ▲좌석벨트나 어깨 끈의 사용방법, ▲구명동의 등 비상 부양장비의 위치와 사용방법, ▲소화기의 위치와 사용방법, ▲이착륙 전 좌석 등받이 조절, ▲해면고도 12,000ft 이상의 고도 운항시 산소의 정상 및 비상 사용방법, ▲승객용 브리핑

카드를 포함하여 개인이 사용하도록 제공되는 다른 비상장비에 대한 사용법을 승객에게 브리핑하도록 하고 있다.

안전브리핑이 끝나면 객실 승무원은 승객의 질문에 답하기 위해 기내를 돌아본 후 이륙에 필요한 객실 준비를 완료한다. 선임 객실승무원은 기장에게 객실 준비가 끝났다는 것을 알리고, 기장은 항공교통관제탑에 이륙허가를 요청한다.

항공기에도 명당 자리가 있을까

항공기에서 가장 안전한 '명당 자리'가 있을까. 있다면 과연 어디일까. 항공 전문가들은 '가장 안전한 명당자리는 안전벨트를 제대로 착용한 자리'라고 한다.

항공기의 안전벨트는 대개 2점식으로, 승용차의 뒷좌석 안전벨트와 같이 허리 왼쪽이나 오른쪽에서 반대편으로 벨트를 착용하는 식이다. 이런 방식의 안전벨트는 헐겁지 않도록 자신의 신체조건에 맞추어 조여주는 것이 중요하다. 안전벨트는 순간 가속이 걸리면 몸이 빠져나가지 않도록 고정해주는 구조로 돼있기 때문에, 다소 느슨하게 매도 효과는 있지만 이착륙시에는 적절하게 조여 착용하는것이 안전하다.

항공기의 안전벨트는 16배의 중력을 버티게 설계돼있지만, 안전벨트를 착용해도 부상 위험에서 완전히 벗어나는 것은 아니다. 만약 사고가 발생했을 때 취할 수 있는 가장 안전한 자세는, 안전벨트를 꼭 맨 상태에서 몸을 웅크리는 것이다. 미국 연방항공청FAA; Federal Aviation Administration은 두 손을 포개어 앞좌석에 대고 팔 사이에 머리를 집어넣는 자세를 추천한다. 이럴 경우 앞 자리에 충돌하더라도 충격의 대부분을 흡수하게 된다. 또는 머리를 많이 숙인 채 두 팔로 두 다리를 감싸는 자세도 충격을 줄여준다.[47]

승객 준수사항

항공기는 하늘을 날 수 있도록 신이 인간에게 준 선물이지만, 자칫 실수하면 대형 사고가 날 수 있으므로 유사시에는 승무원 뿐만 아니라 모든 승객의 협조가 필요하다. 「항공보안법」 제23조에서는 기내에 있는 승객은 항공기와 승객의 안전한 운항과 여행을 위하여 아래와 같은 행위를 하여서는 안된다고 규정하고 있다.

- 폭언, 고성방가 등의 소란행위
- 흡연(흡연구역에서의 흡연은 제외)
- 음주 및 약물 복용 후 다른 사람에게 위해를 주는 행위

---

47 신은진, "안전벨트, 중력의 16배까지 버텨… 충돌 땐 벨트 맨 채 몸 웅크려야", 조선일보, 2021년 12월 4일 접속,

- 다른 사람에게 성적(性的) 수치심을 일으키는 행위
- 「항공안전법」 제73조를 위반하여 전자기기를 사용하는 행위
- 기장의 승낙 없이 조종실 출입을 기도하는 행위
- 기장 등의 업무를 위계(危計) 또는 위력으로써 방해하는 행위

또한 승객은 출입문과 탈출구를 비롯한 기기의 임의 조작 등을 하여서는 아니되며, 항공기의 보안이나 운항을 저해하는 행위를 금지하는 승무원의 정당한 직무상 지시에 협조해야 한다. 따라서 승객은 좌석벨트를 착용하라는 신호가 켜져있는 동안에는 이를 이행하여야 하고, 어느 누구도 무모하거나 부주의한 행동을 해서는 안되며, 그러한 행동으로 다른 승객과 재산에 위험을 가하는 상황을 발생시키지 않도록 해야 한다.

항공안전은 승무원의 노력도 중요하지만, 여행자 스스로도 본인의 안전을 위해 아래와 같은 노력이 필요하다.

- **비행 전 승무원의 안전 관련 브리핑을 경청하라.** 비상구의 위치 등 항공기 안전 정보를 이전에 반복적으로 들었더라도 가장 가까운 비상출구의 위치는 탑승한 항공기에 따라 달라질 수 있다.
- **질문이 있어도 승무원의 말을 먼저 경청하라.** 항공기에 승무원이 있는 이유는 안전 때문이다. 승무원이 안전벨트를 매라고 하면

우선 벨트를 맨 뒤 나중에 질문한다.

- **안전벨트를 착용하라.** 안전벨트는 예상하지 못한 난기류를 만났을 때 보호장치 역할을 해준다.
- **기내 사물함에 무거운 물건을 넣지 말라.** 좌석 위에 있는 사물함은 항공기가 흔들릴 때 무거운 물건 때문에 열릴 수 있다. 누군가가 지나치게 무거운 물건을 사물함에 넣으려 한다면 유사시 피해가 발생하지 않을 적당한 곳에 넣도록 유도한다.
- **술을 너무 마시지 말라.** 기내의 압력이 높기 때문에 알코올은 지상에서보다 더 강하게 영향을 미칠 수 있다. 비행중에는 절주가 최선이다.
- 응급 대피를 해야 할 상황이 발생하면 **승무원의 지시에 따라 가능한 빨리 항공기에서 빠져나온다.**[48]

---

[48] 승무원의 하기 지시를 이행하지 않아 참사가 발생한 사건이 있다. 비상착륙한 항공기의 승객 한 명이 자신의 짐을 챙기느라 출구를 막고 있다가 41명이 화재로 사망했다. 이선목, "비행기 불타는데 짐 찾느라… 참사 커졌다", 조선일보, 2021년 12월 4일 접속,

3. 이륙 및 상승단계

1) 이륙단계

항공기가 이륙할 때는 이륙할 활주로 부근에 도달한 조종사가 이륙 준비가 되었음을 관제사에게 보고한다. 관제탑의 관제사는 그 항공기가 이륙을 시작하는 순간에 규정된 항공기간 최소분리기준이 충족될 수 있을 것으로 판단되면 아래와 같이 해당 항공기에 이륙 허가를 통보한다.

❖ **조종사/관제사간 이륙허가를 위한 무선통신 사례**

• 관제사
"DELTA 271, WIND 270 DEGREES 6 KNOTS, RUNWAY 33L CLEARED FOR TAKE OFF"
(의미: 델타 271편, 풍향 270도 풍속 6놋트, 33L활주로 이륙을 허가한다)
• 조종사복창
"DELTA 271, RUNWAY 33L CLEARED FOR TAKE OFF"
(의미: 델타 271편, 33L활주로 이륙 허가)

조종사는 허가를 득한 후 이륙을 위해 활주로에 진입하게 된다.

항공기가 활주로에 정대[49]되면 이륙을 위하여 출력조절장치(throttle lever)를 밀어 넣어 이륙 출력으로 조정한다.

이륙 단계가 실제로 항공기가 비행 중 가장 무거운 상태가 되는 순간이다. 따라서 이륙을 위해 사용된 이륙 출력은 대체로 그 항공기가 사용할 수 있는 최대출력이 되며 사용시간도 일정 시간으로 한정된다. 출력이 증가하면 항공기는 활주로 상을 빠른 속도로 활주하게 되며 결심속도(V1)를 지나 부양속도(Vr)에 이르면 조종사는 이륙을 위해 조종간을 서서히 당겨서 항공기를 공중으로 부양시키게 되며 이륙 안전속도(V2)로 증속시키게 된다. 이륙이 안전하게 완료되면 조종사는 랜딩기어landing gear: 바퀴를 올리고, 속도가 증가하면 플랩 등 이륙에 사용되었던 고양력 장치를 날개 밑으로 넣는다.

기종과 중량에 따라 다소 차이는 있으나, 제트기(제트 엔진을 사용하는 항공기)의 V1은 140 - 160kn[50]이다. 이것을 km로 환산하면 260 - 300km/h이며, 각 구간마다 5kn(9.26km/h) 정도의 속도차가 있다. 제트기의 경우 V1가 140kn라면, Vr는 145kn, V2는 150kn 정도이다.

이륙은 항공기를 활주로로부터 공중으로 부양시키는 단계로 이는 항공기의 양력에 기인한다. 이러한 양력은 항공기의 활주로 질주 속도와 날개 모양에 의해 주로 발생한다. 이 양력의 힘은 400t에 이

---

49 활주로의 중심과 항공기의 동체를 일직선으로 맞추는 것.
50 시간당 속도의 단위인 노트(knot). 1kn는 1.85km/h이다.

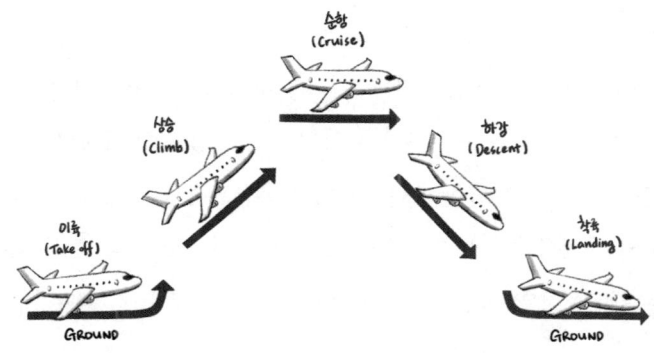

| 자료 065 비행의 5단계

르는 점보 항공기를 공중으로 안전하게 부양시킬 수 있을 정도로 대단하다.

이륙허가를 받으면 기장과 부기장은 비행구간에 따라 각기 PF pilot flying/PM pilot monitoring으로 비행업무를 구분하여 이를 수행한다. 조종사들은 이륙하기 위해 무거운 항공기를 빠르게 가속시켜야 하기때문에 착륙할 때만큼 긴장하게 된다.

조종사는 왜 관제사의 지시를 복창할까?

'복창復唱, read back'은 말을 따라 하는 것을 뜻한다. 조종사는 관제사로부터 수신한 관제 지시 내용 중 중요한 부분을 복창하는데, 관제지시한 관제사와 이를 이행하는 조종사가 서로의 말을 정확히 이해하였는지 재확인할 수 있도록 하기 위한 것이다.

관제사는 만약 조종사의 복창 내용이 자신의 관제지시와 다를 경우 그 틀린 부분을 조종사가 정확하게 이해할 때까지 반복해서 다시 송신해야 한다. 이것은 번거롭거나 과한 행동이 아닌, 항공안전을 위해서 관제사가 반드시 정확하게 취해야 할 행동이다. 특히 조종사나 관제사는 무선통신 내용 중 의심스럽거나 이해하지 못한 부분이 있을 때에는 반드시 재확인하여야 한다. 이 때 사용하는 전문용어는 "SAY AGAIN"이다.

복창을 하는 것은 원래 1890년대 초에 산업공학자 프랭크 길브레스Frank Bunker Gilbreth, 1868 - 1924와 그의 배우자 릴리언 길브레스Lillian Moller Gilbreth, 1878 - 1972가 의학에서 인간의 오류를 고치고자 도입한 것에서 유래했다. 수술실의 의사들이 의사소통시 사용하는 복창(call back)의 개념을 도입한 것이다. 예를 들어 의사가 "메스"라고 하면 간호사가 이를 복창하고 메스를 의사에게 주는 방식이다. 이것이 오늘날 군대나 항공분야 등 고도의 집중력을 요하는 분야에 도입된 것이다.[51]

---

51 국토교통부 항공자격과, 『항공정비사 표준교재: 항공정비 일반』, 「11 - 8 인적 요인의 역사」, 성진문화, 2015

2) 상승단계

상승단계는 이륙을 마친 항공기가 공항을 벗어나 원하는 항로로 전환하며 고도를 상승시키는 단계이다. 통상 공항 주변에는 다른 많은 항공기들이 비행중이므로, 이륙하여 공항을 벗어나기까지의 과정은 정해진 절차에 따라 이루어져야 한다.

항공기의 출발절차는 활주로를 이륙하여 출발할 시 조종사가 육안으로 확인한 장애물들을 회피하여 이륙하는 '시계비행출발절차'와, 관제사의 지시를 받으며 비행계기를 참조하여 출항하는 '계기출발절차'로 구분된다. 만약 기상이 불량하거나 입출항이 복잡한 공항에서 이륙할 경우에는 계기출발절차 중 관련 절차가 차트에 모두 표기돼있는 '표준계기출발절차'를 이용한다. 이렇게 함으로써 공항 주변에 진입하거나 출항하는 많은 항공기들이 안전간격을 확보하게 된다.

정해진 고도로 상승할 때에는 우선 주변을 충분히 경계하며 운항중인 항공기의 최적 성능을 잘 파악하여 그에 맞추어 상승해야 하며, 이는 항공기의 비행 교범에 명시되어있다. 또한 상승에는 두 가지 방법이 있는데, 첫째는 최대 상승율로 최단 시간내에 가장 높은 고도로 올라가는 것, 둘째는 최대 상승각으로 상승하여 최단거리에서 가장 높은 고도를 상승하는 방법이다.

4. 순항단계

조종사가 '안전벨트를 풀어도 좋다'고 방송하는 시점이 있는데, 이 때가 항공기가 순항順航에 들어선 순간이다. 국내선의 경우 20,000ft, 국제선의 경우 30,000ft에 들어서면 순항이 시작된다. 이렇게 순항고도를 유지하는 것은 안전하고 경제적인 운항을 위한 것이다.

항공기가 순항고도에 이르면 그 때부터 상당한 기간동안 그 고도를 유지하면서 운항한다. 조종사는 비행계획과 현재의 운항속도 및 시간을 비교하여 실제 도착시간에 맞게 운항속도를 조절해야 하며, 연료는 운항지점별 탑재량을 수시로 확인하여 필요시 취할 적절한 조치를 결정해야 한다.

여객기의 경우 주로 계기비행방식으로 비행하게 되는데, 목적지까지 가기 위한 항로를 정하여 비행 전에 비행계획서를 관제기관에 제출하고 항로를 지정받았으므로 인가받은 항로를 따라서 비행하여야 한다.

국내나 내륙에서 비행할 경우 조종사와 관제사 간에 VHF very high frequency 주파수대를 이용한 무선교신과 레이더 관제가 이루어진다. 그러나 태평양과 같은 대양을 횡단하게 되면 VHF 주파수대의 유효거리를 초과하기 때문에 HF High frequency 주파수대를 이용하여 Flight Watch와 교신이 이루어지며, 레이더 관제는 불가능해진다. 최근에는 통신기술의 발달로 대부분의 대양횡단 항공기들은 CPDLC Controller Pilot Data Link Communications를 활용하여 관제사와 조종사 간에 문자를 이용한 통신을 하고 있다.

장거리 비행을 하는 항공기는 아주 높은 고도에서 항로를 따라 직선으로 비행하는데, 조종사 역시 동일한 고도와 자세를 유지하며 장시간을 비행하면 매우 피로해지기 때문에 자동조종장치의 도움을 받는다.

비행중 비상구를 개방할 수 있을까?

생각만 해도 아찔한 일이지만, 만약 항공기가 이륙 후 하늘을 나는 중에 비상구가 개방되면 무슨 일이 일어날까.

불가능한 일이지만, 이를 방지하기 위하여 비상구는 운항중에 열리지 못하도록 철저히 관리되고 있다. 항공기의 속도가 이륙할 수 있을 만큼 빨라져 문이 열려서는 안되는 상태가 되면 (기종에 따라 다소 차이는 있으나) 문 안쪽의 잠금장치가 작동되며, 설령 문이 열리더라도 조종석에서 감지하게 된다. 하지만 4만ft 상공에 떠있는 항공기의 출입문은 35t에 달하는 압력을 받고있기 때문에 인간의 힘으로

는 절대로 열 수 없다.[52]

하늘에서 비상상황이 발생한다면

현대의 항공기는 다중의 안전장치가 구비되어있어 매우 안전하다. 그러나 항공사는 예상 못한 상황으로 인해 운항 중 발생할 수 있는 비상상황 역시 대비하고 있다. 엔진 및 기내 화재발생, 시스템의 결함으로 인한 비정상상황 발생, 기내 환자발생 등 다양한 경우가 있을 수 있다. 이러한 비상상황에 가장 안전하게 대처할 수 있도록 조종사와 객실승무원들은 정기적으로 이론교육 및 훈련에 임하고 이를 평가받는다.

응급환자가 발생하면 먼저 기내에 준비된 비상약품과 기기로 객실 승무원이 응급 조치를 하고, 승객 중 의사 등의 자격자가 있는지 알아보고 환자의 치료를 부탁한다. 화재 등의 상황이 발생하면 승무원은 승객들을 안정시킨 뒤 침착하게 소화기를 사용하여 화재를 진압하게 된다. 이러한 상황에 대한 객실 승무원들의 훈련은 반복적이고 주기적으로 이루어진다.

---

[52] 승객 중 한 명이 비상구의 손잡이를 건드렸고, 문은 열리지 않았으나 항공기는 규정상 회항했다. 김동규, "프놈펜行 아시아나기, 승객이 비상문 열려 시도해 회항", 연합뉴스, 2021년 12월 4일 접속.

기내 난동의 대처

2016년 12월 20일, 베트남 하노이에서 출발해 인천으로 향하던 대한항공 KE480편에서 만취한 승객이 다른 승객과 승무원을 폭행하며 1시간동안 기내 난동을 부린 사건이 있었다.[53] 당시 해당 항공기에 탑승중이던 90년대를 풍미한 가수 리처드 막스Richard Marx, 1963 - 가 그 모습을 지켜보고 sns에 '승무원의 준비가 너무 미약하다'는 지적과 함께 영상을 올려 사건이 일파만파로 알려졌다. 대한항공 임직원은 물론 전 한국민이 창피해하던 사건이었다.

이 사건 이후 위기에 대처할 수 있는 경험 많은 승무원을 선발해야 한다는 지적이 나왔으며, 기내 난동 승객에게 부과하는 1천만원 이하의 벌금 역시 너무 적다는 의견도 있었다.

국내 항공사들은 전통적으로 안전보다는 서비스를 우선시하는 정책을 견지해왔기 때문에 기내 난동에 대하여 관대한 편이었다. 그러나 위 사건 이후 대한항공은 기내에서 난동을 부렸던 승객은 탑승을 거부하는 노플라이 제도No - Fly System를 국내 항공사 중 최초로 시행하고 있다. 노플라이 제도는 항공안전을 방해하는 승객을 대상으로 일정 기간, 혹은 영구적으로 탑승을 거부하는 제도이다.

그러나 항공사가 자체적으로 운영하는 이른바 '블랙 리스트' 제

---

53 서울신문 온라인뉴스부, "대한항공 기내 난동 피의자 '이 형 센스가 없네'라며 옆자리 승객 폭행", 서울신문, 2021년 12월 4일 접속,

도는 현실적으로 효과가 한정적이고 실효성도 미흡하다. 탑승 거절 제도가 제대로 작동되려면 항공예약, 발권, 탑승수속 등의 전 과정에서 관련 정보가 외국 항공사와도 연계되어야 한다. 이는 정부에 의한 강제조항이 필요한 부분이다.

공중충돌을 막으려면

지상의 도로 위에서는 종종 충돌 사고가 발생한다. 불필요한 상상이 될 수 있지만, 만약에 두 항공기가 공중에서 충돌한다면 어떻게 될까? 항공기는 고속으로 비행하기 때문에 충돌할 경우 여지없이 큰 사고로 연결되므로, 기체에 공중충돌경고장치ACAS; Airborne Collision Avoidance System를 부착하고 있다.

다행히 충돌 사고로 이어지지는 않았으나 우리나라 공역에서 일어난 공중충돌 예방사례로는 2019년 6월에 있었던 중국 여객기간의 사건이 있다. 한국의 영공임에도 불구하고 한·중·일 3개국이 관제권을 제각각 행사하여 발생한 혼선 때문에 참사가 벌어질 뻔했으나 공중충돌경고장치에 의한 회피기동으로 무사히 운항할 수 있었다.[54]

---

[54] 강갑생, "日관제권 가진 韓하늘길, 항공기 '30초 거리' 충돌할뻔", 중앙일보, 2021년 12월 4일 접속,

5. 하강 및 착륙 단계

1) 하강과 착륙준비는 언제 하는가?

항공기의 하강은 최상의 착륙과 최소한의 연료소모 및 배기가스 배출을 전제로 한다. 하강은 통상 도착지 공항으로부터 100 - 130마일 전방에서부터 시작되는데, 착륙 30 - 40분 전의 시점이다.[55]

착륙을 위한 공항 터미널 지역으로의 접근은 목적지 공항과 30 - 40마일 이격된 지점에서부터 시작된다. 이를 위해 항공기는 관제사의 지시에 따라 차례대로 접근 비행하게 된다. 김포국제공항을 예로 잠시 묘사하자면, 착륙하고자 하는 항공기는 공항 동남쪽의 관악산 정상을 놓고 볼 때 동쪽(양양공항 등)에서도 접근하고, 남쪽(김해·제주·하네다·오사카·상해공항 등)에서도 접근하고, 서쪽(북경공항)에서도 접근한다. 이렇듯 김포국제공항 착륙을 위해 사방에서 접근하는 여러 항공기들은 서울접근관제소 관제사의 레이더 유도에 따라 고도를 강하시키고, 비행 속도를 줄이며, 비행 방향을 조정해가며 미리 정해진 계기접근절차의 시작지점을 통과한 후 약 9㎞ 정도의 항공기간 간격을 유지하면서 한 줄로 질서정연하게 활주로로 향하게 된다.

---

[55] 항공교통관제상의 여러 상황과 하강 당시의 지원장치 및 기상상태 등에 따라 다소 변수가 있을 수 있다.

| 자료 066
김포국제공항 착륙을 위해 관악산 일대에서
대기중인 항공기들

| 자료 067
김포국제공항의 계기접근절차 사례

이 과정에서 뒤에 위치한 항공기의 조종사가 급한 마음에 지상 고속도로에서와 같이 갑자기 속도를 높여 앞 항공기를 추월하는 등의 일은 절대로 일어나지 않는다. 관제사의 관제 지시와 다르게 비행하는 경우 그 항공기는 물론 다른 항공기와 해당 탑승객들, 심지어 지상에 있는 인명까지 위험에 처할 수 있기 때문이다. 이런 경우 아무리 사소한 실수로 마무리되어도 무거운 처벌을 피할 수 없다.

사실 대부분의 조종사는 연료절감과 도착시간 준수 등을 위해 가능한 빨리 활주로에 착륙하고 싶어한다. 하지만 관제사가 항공기간 접근순서를 정하는 원칙은 매우 단순하고 상식적이다. 장거리 비행을 했다고, 속도가 빠르다고, 기체가 크다고, 국내의 국적기라고, 또는 조종사의 영어 발음이 좋다고 먼저 접근하도록 하는 일은 절대로 없다. 오직 정해진 국제기준, 즉 "First Come, First Served(선착순)"

이 대원칙이고, 부차적으로 항공기의 상대적 위치(계기접근절차 시작지점에 더 가까이 있는 순서), 비행고도(낮은 고도에 위치한 순서) 등을 종합적으로 판단하여 접근 순서를 정한다.

착륙허가를 받는 시점

항공기가 착륙허가를 받는 시점은 언제일까. 일반적으로 활주로에서 5 - 10㎞ 떨어진 지점이지만 이 역시 변수가 많다.

앞서 착륙하는 항공기가 없을 때는 그보다 훨씬 이전에 착륙허가를 받을 수도 있지만, 그렇지 않을 경우에는 앞의 항공기가 착륙 후 활주로를 벗어나기 전에는 뒤의 항공기가 활주로 시단을 통과해서는 안된다. 따라서 관제탑의 착륙허가를 늦게 받을 수도 있으며, 중요한 것은 착륙허가를 받았더라도 앞서 착륙하는 항공기와의 간격이 너무 가까워지면 언제든지 관제탑에서 착륙허가를 취소시킬 수 있다는 것이다. 착륙 전 다른 항공기와의 간격이 가까워지는 이유는 대개 앞 항공기의 속도가 느려졌거나 뒤 항공기의 속도가 빨라졌을 때이다.

이처럼 관제탑의 관제사는 어떤 항공기가 착륙하는 순간 다른 항공기와의 최소분리기준이 충족될 수 있을 것으로 판단되는 경우에 한하여 그 조종사에게 아래와 같이 착륙허가를 발부한다.

> ❖ 조종사/관제사간 착륙허가를 위한 무선통신 사례
>
> "SINGAPORE 713, RUNWAY 15 RIGHT, WIND 170 DEGREES 5 KNOTS, CLEARED TO LAND"
> (싱가포르 713편, 풍향 170도 풍속 5놋트, 착륙을 허가한다) (관제사)
>
> "SINGAPORE 713, RUNWAY 15 RIGHT, WIND 170 DEGREES 5 KNOTS, CLEARED TO LAND" (싱가포르 713편, 풍향 170도 풍속 5놋트, 착륙 허가) (조종사 복창)

마의 11분

역대 항공사고를 분석해보면 대부분의 사고가 이륙후 3분, 착륙 전 8분 사이에 발생했다. ICAO의 통계에 따르면 소위 '마의 11분' 안에 발생한 사고 비율이 70 - 80%에 이른다. 특히 이륙할 때보다 착륙할때 더 많이 발생한다.

이륙 직후나 착륙 직전이 위험한 것은 이 시간대에 기체가 조종사의 제어능력 범위를 벗어나기 때문이다. 이륙할 때 항공기는 최대의 힘을 내야하기 때문에 이륙 직후 5분 동안은 고도가 낮고 속도가 적은 상태, 즉 항공기의 에너지가 순항(고고도高高度, 고속)할 때에 비해 상대적으로 적다. 따라서 이 순간에 기체결함이나 위험 상황에 직면하게 되면 조종사는 더욱 신속하고 정확하게 조치해야 한다.

착륙 직전에도 마찬가지로 랜딩기어 및 고양력장치인 플랩이 내려져있고 착륙을 위해 속도를 줄이고자 엔진의 출력을 떨어뜨리기 때문에, 역시 갑작스러운 이상 상황을 발견하더라도 안전하게 착륙하거나 재상승하기 위하여 기수를 높이는 것이 쉽지 않다.

항공기 제작사는 최신 항공기 제작시 이러한 여건을 극복하기 위하여 기술개발에 더욱 노력하고 있으며, 운용사인 항공사도 승무원들에게 다양한 형태의 비정상상황 대응훈련을 지속적으로 훈련시키고 있다.

2) 드디어 땅을 밟다

관제사로부터 활주로에 대한 최종 접근 허가를 받으면 기장은 현재의 기상, 착륙가능 상황 및 활주로, 비행상태 등을 비교 점검하여 착륙 여부에 대해 결정하고, 착륙고도를 비롯한 제반 상황을 최적의 착륙상태가 되도록 조정한다.

활주로 상의 풍향과 돌풍의 정도는 조종사가 착륙을 시도할 때 항공기의 속도를 결정하는 중요 요소이며, 활주로의 노면상태(건조·습기 정도)와 가시거리는 착륙거리를 산정할 때의 고려사항이다. 일반적인 활주로 접근 속도는 130kn(240㎞/h) - 185kn(342㎞/h) 범위이다.

- 활주로 최종 접근에 대한 기상 제한이 없으면 활주로 접근 및 착륙 과정은 조종사의 재량에 따라 자동착륙이나 수동착륙으로 이루어지는데, 수동으로 운영되는 것이 일반적이다.
- 착륙할 항공기는 양력을 유지하기 위해 착륙 직전에 일정 속도 이상을 유지해야 한다. 항공기는 위로 뜨려는 힘인 양력과 아래로 떨어지려는 중력의 균형을 맞추어야 한다. 양력이 더 커지면 기체가 상승하고, 작아지면 하강한다.
- 착륙시 바람이 부는 경우, 착륙거리는 바람의 방향에 따라 전면에서 불면 짧아지고 후면에서 불면 길어진다. 좌·우측 측면에서 강하게 불면 항공기가 옆으로 날려 활주로를 이탈할 수 있으므로 조종사의 높은 기량이 필요하다.
- 활주로 표면이 비, 눈, 얼음으로 젖어있는 상태에서 바람이 후면이나 측면으로 강하게 불면 조종사와 관제사는 평소보다 더 주의를 기울이게 된다. 기상이 나쁜 경우 자동착륙장치를 사용하여 착륙하나 바람의 세기에 따라 제한적인 경우가 있다.
- 경비행기는 착륙장치에 장착된 브레이크만으로 감속이 가능하나, 빠르고 무거운 대형 여객기는 활주로에 닿을 때 조종사가 속력을 줄이기 위해 엔진 리버스(엔진 후류를 앞 쪽으로 전환), 스피드 브레이크(날개 상승 전환), 오토 브레이크를 작동시킨다. 특히 스피드 브레이크는 공기의 저항을 최대로 하여

속도를 줄이는데에 효과적이며, 이는 활주 거리를 최소화할 때 중요한 역할을 한다.

착륙을 마친 항공기는 활주로를 빠져나와 유도로로 진입하여 계류장관제탑과 교신한 후 주기장으로 가기 위한 유도로의 명칭과 주기장의 위치를 통보받는다. 지정된 주기장에 주기한 후 비로소 엔진을 정지시킨다.

| 자료 068
엔진 역추진장치.
착륙 거리를 단축시킨다.

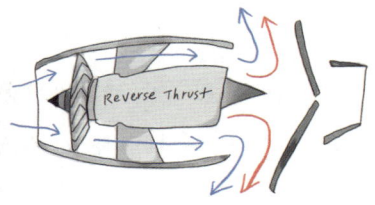

| 자료 069
반대로 흐르는 배기가스

3) 항공기가 착륙하는 방법

시계비행방식과 계기비행방식

착륙에는 시계視界비행방식 착륙과 계기計器비행방식 착륙의 두

가지가 있다. 어떤 방법으로 착륙할 것인지는 항공기가 공항으로부터 상당히 멀리 있을 때 조종사가 결정해야 한다.

시계비행방식의 비행은 현위치에서 착륙지점까지 단거리 운항으로 경제적 이점이 있으나 그 항공기가 다른 항공기에 충돌할 정도로 가깝게 접근하는지, 비행고도는 너무 낮지 않은지, 또는 높은 산악 지대에 너무 가깝게 접근하는지 등등 비행안전에 관련된 많은 요소를 조종사가 책임지고 비행하여야 한다.

계기비행방식으로 비행하면 관제탑의 관제사가 고성능의 레이더로 관찰하며 시계비행시의 고려사항들을 조종사에게 실시간으로 관제지시해주기 때문에, 유상승객이 탑승한 항공기의 조종사라면 계기비행방식을 택한다. 시정視程이 악화된 상태에서의 계기접근시에는 활주로를 확인하기 위한 전환과정을 돕기 위해 여러가지 등화시설들이 활주로에 설치되어있다.

소프트 랜딩과 하드 랜딩

착륙 시에는 공항 사정이나 기상조건에 따라 접지 방법을 결정해야 한다. 기상과 활주로 노면 조건 등이 양호한 경우 분당 30m 정도의 속도로 착륙하게 되는데 이를 소프트 랜딩 soft landing이라고 한다.

반면 조종사의 의도와 다르게 돌풍 등의 기상이나 활주로의 상황이 좋지 않을 경우, 바퀴를 노면에 강하게 부딪히게끔 접지해야 안전하게 착륙할 수 있는 경우가 있는데 이를 하드 랜딩hard landing이라 한다. 하드 랜딩을 하면 기체가 많이 흔들리기 때문에 승객들이 조종사의 비행 실력을 의심하는 경우가 있으나 하드 랜딩은 엄연한 정상적 착륙 방법의 하나이다. 하드 랜딩 시에는 바퀴가 손상되거나 기체에 무리가 올 수도 있다.

한편 펌 랜딩firm landing은 분당 70 - 100m의 속도로 착륙하여 활주로와 타이어의 마찰계수를 높임으로써, 눈이 쌓여있거나 노면이 부분적으로 얼어있는 짧은 활주로에서 활주거리를 단축하여 항공기가 활주로에서 이탈하는 것을 방지하게끔 착륙하는 기법이다.

동체착륙

항공기에는 휠(wheel)과 타이어로 구성된 랜딩기어landing gear가 여러개 있다. 많은 랜딩기어는 지상에서는 물론 이착륙시에도 기체가 쉽고 안정적으로 이동할 수 있게끔 한다.

랜딩기어는 A321, B767 등의 중·소형 항공기에는 앞쪽에 한 개와 뒤쪽에 두 개 등 모두 세 개가 있고 A380과 B747등의 대형 항공기에는 앞쪽에 한 개, 뒤쪽에 네 개가 있다.

랜딩기어는 항공기가 활주로에서 이륙한 후에는 공기저항을 줄

이기 위해 동체 속 수납공간으로 접혀들어갔다가 착륙하기 직전에 다시 펴진다.[56]

문제는 착륙 전 조종사가 이 랜딩기어를 내리도록 조작했는데도 일부 또는 전부가 내려가지 않거나, 실제로는 모두 내려갔는데도 표시판에 제대로 표시되지 않는 경우이다. 앞쪽 랜딩기어가 고장난 경우에는 뒤쪽 랜딩기어와 정교한 조종기술을 이용하여 착륙할 수 있으나, 특히 뒤쪽 랜딩기어가 2개인 항공기에서 그 중 한 개가 고장나면 랜딩기어를 모두 집어넣고 동체만으로 접지하는 동체착륙belly landing을 하게 된다.

동체착륙을 앞둔 공항에서는 화재 예방을 위해 활주로에 엄청난 양의 소화액을 뿌리고 소방차와 구급차들을 비상대기시킨 상태에서, 항공기는 동체의 밑바닥으로 활주로 표면을 미끄러지며 서서히 정지하게 된다. 고난도의 조종기술을 필요로 한다.

비상착륙

조종사는 때로 목적지 공항의 기상, 순항 중에 발생하는 응급환자, 비행장치의 문제, 테러, 돌풍, 관제 등의 사유로 대체공항에 착륙을 시도할 수 있다. 이 때 조종사는 비상시 계획에 준하여 조치를 취

---

56 외국에서는 간혹 이 바퀴다리의 수납공간으로 밀항자들이 숨어들었다가 영하 60° 까지 내려가는 추위와 산소 부족으로 사망하는 사건이 발생하고 있다.

해야 하며, 지상에서의 협조 내용과 승객 대비 요청사항을 포함하여 비상착륙공항에 필요사항을 사전 요청해야 한다.

실례를 살펴보면, 뉴욕에서 인천으로 향하던 아시아나항공의 항공기가 승객 중 한 명에 대한 응급조치가 필요하여 기장의 판단 하에 미국 알래스카주에 위치한 테드 스티븐스 앵커리지 국제공항Ted Stevens Anchorage International Airport에 비상착륙하였다. 안전한 비상착륙을 위해 기장은 기체의 무게를 경량화시키고자 항공유 15t을 공중에서 버렸다.[57]

복행

복행Go Around은 착륙을 포기한 뒤 다시 상승하여 재착륙을 시도하는 것이다. 착륙 중이던 항공기가 복행해야 하는 상황은 몇가지가 있으나, 대개의 경우는 착륙 단계에서 돌풍이나 배풍 등의 바람이 불 때이다. 특히 돌풍은 그 양상이 변화무쌍하기 때문에 복행여부의 판단은 조종사의 몫이며, 기준치 이상의 돌풍이 항공기에 직접 작용하여 안전 착륙을 방해할 것으로 판단되는 경우에는 복행한다.

결심고도는 항공기가 착륙하기 위해 착륙로를 따라 하강하다가 착륙로의 정해진 지점에서 최종적으로 착륙할 것인지 복행할 것인

---

[57] 김민범, "아시아나, 8살 응급환자 위해 '긴급 회항'… 신속 조치로 위기 넘겨", 동아일보, 2021년 12월 4일 접속,

지의 여부를 결정하는 최저 강하고도인데, 이 고도에서 항공기가 활주로 중심선과 일치되지 않았을 경우에는 복행해야 한다.

| 자료 070 복행의 개념도

김해국제공항은 지형적 특성으로 인하여 봄·여름철에는 활주로의 18°방향, 가을·겨울철에는 36°방향을 주로 사용하는데, 착륙하는 항공기의 95%가 36°방향을 주로 이용하고 있다. 김해공항이 다른 공항에 비하여 복행이 많은 이유는 공항 북쪽(18°방향)에 위치한 산악지형에 따른 항공기의 선회접근 착륙방식으로 인한 것이다. 김해공항 직진입 활주로인 36°방향의 복행은 인천국제공항이나 김포국제공항과 유사하다.

또한 앞 항공기와의 안전거리 간격 부족으로 착륙허가가 취소되거나 육안과 장비로 활주로가 식별되지 않을 때에도 복행이 이루어지며, 착륙중 활주로 상에 갑자기 다른 항공기나 차량, 사람, 동물 등이 발견되는 경우에도 관제사가 조종사에게 복행지시를 한다.

복행 상황에서는 관제사가 조종사에게 다음과 같이 간단하게 착륙 중지를 지시한다.

> "SINGAPORE 713, GO AROUND"
> (의미: 싱가포르 713편, 복행하라)

순조롭게 강하하며 활주로로 접근하던 항공기의 조종사는 이 지시를 듣는 순간 어떠한 경우에도 지체없이 동일한 내용을 복창한 후 착륙을 중지하고 고도를 높여야 한다.[58] 복행한 항공기는 미리 정해진 실패 접근로 missed approach course를 따라 한동안 비행한 후 해당 상황이 종료되면 관제사로부터 접근절차를 다시 배정받고 활주로로 접근하여 착륙하게 된다.

그 과정에서 일부 예민한 탑승객은 착륙하던 항공기가 다시 고도를 올리는 것을 알아차리는 순간 무언가 잘못되었다는 생각에 불안감을 느끼게 되나, 심하게 불안해할 필요는 없다. 항공분야에서는 변동사항 발생시 이런 경우를 포함한 매우 세세한 부분까지도 대응계획을 수립할 뿐만 아니라 조종사들 역시 상시적인 교육, 훈련, 점검, 평가 등을 통해 평소 우수한 기량을 유지하고 있기 때문이다.

대부분의 경우 두 번째 착륙시도에서 성공하고 비록 지독한 악천후일지라도 세 번을 넘기지 않으며, 진정 착륙이 어려운 상황이면 아예 다른 인접 공항으로 비행하여 착륙한다.

---

[58] 대통령을 비롯한 폴란드의 고위 관료들이 전원 사망한 폴란드 공군 Tu - 154 추락 사고는 이를 이행하지 않아 벌어진 대표적 참사이다. 불과 2010년의 사건이다. "폴란드 공군 Tu - 154 추락 사고", wikipedia, 2021년 12월 4일 접속.

교체공항과 다이버트

간혹 항공기가 착륙할 공항의 기상으로 인해 정상착륙이 불가능하여 인근의 다른 공항에 착륙하기도 한다. 이 변경된 공항을 교체공항alternate airport이라고 하며, 착륙할 공항을 교체공항으로 변경하는 것을 다이버트divert라 한다.

모든 항공사들은 계기비행시 최소 1개 이상의 교체공항을 선정한다. 예컨대 김포국제공항의 경우 기상 및 여타 상황으로 착륙이 불가하게 되면 인천국제공항을 교체공항으로 설정한다.

이러한 경우에 대비하여 항공기는 목적지 공항에서 교체공항까지의 비행이 가능할 정도의 일정한 예비연료를 반드시 싣도록 관련 법규에 규정돼있다.

4) 비상탈출에 대비하라 - 조명등과 창가리개

앞서 언급했듯이 항공기의 사고는 주로 이착륙시에 발생한다. 그래서 승무원들은 혹시 일어날지도 모를 위험상황에 대비해 항공기 외부의 상황을 살피고 유사시에는 탑승객의 탈출을 유도하는 등 안전에 대비해야 한다. 또한 관제탑 등 외부에서도 기내 상황을 살펴 안전성을 확보해야 한다.

항공 여행을 해본 독자라면 항공기의 창문 덮개를 덮거나 올려보았을 것이다. 그런데 이 창문 덮개 역시 안전 관련 용도로 활용된다. 창문 덮개가 내려져있다면 이착륙 시 발생할 수 있을 엔진 이상 등의 문제를 발견하지 못할뿐만 아니라 문제를 인지했다 하더라도 정확한 상황 파악을 위해 덮개를 올리는 등의 추가 행동이 필요함에 따라 시간이 소요된다. 또한 미처 승무원이 보지 못한 문제를 창문 밖을 보던 승객들이 발견하여 승무원에게 알려 조치할 수 있기도 하다. 창문 덮개를 올리는 그 몇 초의 시간이 생사를 가를 수도 있기 때문에, 이착륙 시에 창문 덮개를 올리라는 승무원의 당부에 반드시 협조해야 한다.

이 밖에도 이착륙시 기내가 어두워지거나 암전暗轉되는 순간도 사고 대비와 관계가 있다. 기내에 심각한 이상이 발생하면 전원이 차단되는데, 탈출로를 신속히 파악하려면 어두워진 실내에 눈이 익숙해져야 한다. 밝은 곳에서 어두운 곳으로, 혹은 어두운 곳에서 밝은 곳으로 갑자기 이동하면 전방 식별이 순간적으로 어려워질 수 있는데, 이 시간 역시 위급상황으로 인한 탈출 순간에는 '절대적 몇 초'일 수 있다. 야간비행 중이라면 기내는 암전 상태가 되는데, 조도 차가 적을수록 적응이 빨라져 유사시 신속히 대처할 수 있으므로 기내 불빛을 낮추는 것이다.

탁자를 접고 좌석을 원위치시키는 이유도 위급상황에서 받을 충격을 대비할 수 있는 가장 안전한 자세인 '대비 자세[59] brace position'를 위한 공간을 확보하기 위함이다. 또한 기내 밖으로 나와야 할 때 탁자나 수하물에 걸리지 않고 신속히 빠져나올 수 있도록 승객은 탁자를 접고 자신의 수하물도 상단의 관물대에 비치해야 한다. 이 모든 것들은 객실 승무원이 안내하기 때문에 탑승객은 승무원의 지시에 반드시 협조해야 한다.

---

59 의자에 앉은채 상체를 숙여 무릎을 껴안는 자세.

제 7장
내 목적지는 어떤 항로로 어떻게 갈까

1. 내가 탄 항공기의 항로

자동차가 정해진 도로 위를 주행하듯 항공기 역시 저 넓은 창공을 임의로 운항하는것이 아니라 정해진 항로에 따라 움직인다. 항로航路란 항공기가 다니는 길이다. 전문용어로는 '항행에 적합하도록 무선항행 안전시설을 이용하여 설정하는 공간의 통로'이다. 항로 설정은 도로와 마찬가지로 충돌 방지, 운항의 경제성, 효율성을 고려해야 한다.

항로는 고고도高高度와 저고도低高度로 구분되며 수직분리를 통해 이루어진다. 29,000ft 이하의 고도에서는 수직 간격 1,000ft를, 그 이상에서는 2,000ft 이상을 유지하도록 되어있다.

오늘날에는 공중에서의 정체 해소를 위해 상하간 거리 간격을 줄이는 RVSM Reduced Vertical Separation Minima 제도를 도입하여 시행중이다. 기존의 29,000ft 이상 상공에서는 각각 상·하에서 비행하는 항공기간 최소 간격이 2,000ft였으나, 이를 1,000ft로 줄여서 사용하는 것이다. 이렇게 하면 하늘의 차선 하나가 추가되는 효과를 볼 수 있다.

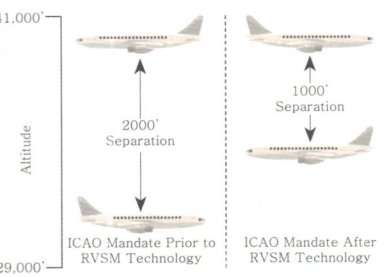

| 자료 071 RVSM을 적용한 모습

우리나라에서는 서울/부산 ↔ 남일본/괌/사이판/호주/뉴질랜드를 연결한 A582의 항로 등 총 51개의 항공로(국제선 11개, 국내선 40개)를 구성해 운영하고 있다. 이 중 서울 - 오산 - 광주 - 제주 - 동남아로 연결되는 B576의 항로가 458km로 가장 길며, 비행속도 450kn를 기준으로 하면 약 60분의 비행시간이 소요되는 거리이다.

항공정보를 전문으로 다루는 영국의 회사 OAG Official Airlines Guides에 따르면 2017년에 항공교통량이 가장 많은 노선은 우리나라의 제주 - 김포구간으로 연간 6만4,991편이다. 2위는 호주의 멜버른 - 시드니 노선으로 5만4519편이다.

국제항공로(11개)	국내항공로(40개)
A582, A586, A593, A595, B332, B467, B576, G339, G585, G595, L512	V11, V543, V547, V549, W45, W61, W62, W66, Y644, Y655, Y711, Y722, Z50, Z51, Z52, Z53, Z63, Z81, Z82 등

| 자료 072 국내 항공로에 편성된 항공기종

2. 우리나라의 항공공역은 얼마나 넓은가?

영공과 비행정보구역

　대한민국의 영공領空은 「헌법」 제3조 및 「국제민간항공조약」 제1조의 규정에 의거하여 「영해 및 접속수역법」 제1조의 규정에 의한 기선으로부터 외측 12해리 선까지 이르는 수역 상공의 공역으로, 완전하고 배타적인 권리를 가지며 우리나라의 주권이 미치는 곳을 가리킨다.

　그러면 우리나라의 항공공역은 영공과 동일할까? 그렇지는 않다. 각 나라의 항공공역은 비행정보구역으로 표시하는데, ICAO의 승인을 받은 인천비행정보구역이 우리나라의 항공공역이다. 비행정보구역FIR; Flight Information Region이란 비행 중인 항공기에 비행정보를 제공하고 추락 등의 사고 발생시 수색과 구조를 담당해야 하는 구역이다.

　인천비행정보구역은 약 40만㎢의 면적이며, 북쪽으로는 휴전선, 동쪽으로는 속초 동쪽 약 210마일, 남쪽으로는 제주 남쪽 약 200마일, 서쪽으로는 인천 서쪽

| 자료 073
대한민국의 비행정보구역 항로도

약 130마일의 동경 124°와 만나는 삼각형 모양의 구역이다. 동 구역에 항공기가 진입하면 인천이나 대구의 항로관제소에서 관제업무를 수행한다.

국방상의 목적으로 설정한 방공식별구역ADIZ, Air Defense Identification Zone도 있다. 카디즈KADIZ는 대한민국(Korea)의 방공식별구역(ADIZ)을 가리키며, 영공 침입을 방지하기 위해 설정하는 공역이다. 공역은 각국의 주권이 적용되는 영공은 아니다.

우리나라의 방공식별구역은 한국전쟁 중이던 1951년 3월에 미국 태평양 공군이 설정했는데, 이어도와 마라도가 포함되지 않고 있다가 지난 2013년에 이어도 남쪽 236km까지 뻗어있는 FIR과 일치시키고, 일본 방공식별구역(JADIZ)이 침범하고 있는 마라도와 홍도(거제도 남단 무인도)의 인근 영공도 포함하는 새 KADIZ를 선포하였다. 우리나라의 방공식별구역과 비행정보구역은 다음과 같다.

| 자료 074
대한민국의 방공식별구역

대기권의 구조

우주宇宙는 대기권과 외계를 총칭하는 용어이다. 지표면과 가까운 곳에서 공기가 있는 곳을 대기권大氣圈(약 1,000km 고도), 지구를 둘러싸고 있는 기체를 대기大氣, 대기가 차지하는 공간을 기권氣圈이라 한다. 그 밖의 공간은 외계外界이다. 이 중 대기는 질소 약 78%와 산소 약 21%, 약간의 아르곤argon, 이산화탄소, 수증기 등을 포함하고 있다.

대기권의 구조는 전체 공기의 약 80%가 집중되어 있는 지표면으로부터 11km까지를 대류권對流圈이라 하고, 대류권에서 약 50km까지를 성층권成層圈이라 한다. 이곳에서는 고도 25km 부근에 오존층이 있어 태양에서 오는 자외선을 흡수하기 때문에 높이 올라갈수록 기온이 상승한다. 50 - 80km까지는 중간권中間圈이다. 중간권은 태양으로부터 발산되는 자외선이 거의 통과하기 때문에 열이 머물지 않고 기온이 저하된다. 중간권과 열권 사이 부근은 -80℃ 정도의 극한이다.

80km - 300km까지는 열권熱圈인데, 열권을 500km에서 700km까지 분류하기도 한다. 열권 이상의 고도는 극외권極外圈 혹은 외기권外氣圈으로 칭하며, 외기권은 사실상 우주이다.[60][61]

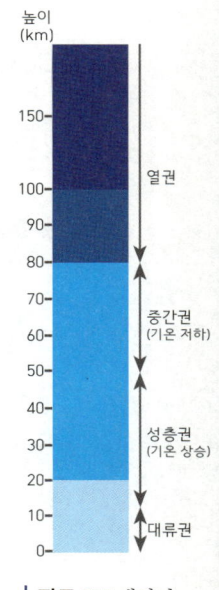

| 자료 075 대기권

---

60 우주개발이라는 관점에서는 상공 100km를 우주라고 칭하는 경우도 있다.
61 지구와 우주의 경계는 헝가리의 물리학자 테오도르 폰 카르만(Theodore von Kármán, 1881 - 1963)이 지구의 대기가 열어지며 항공기가 날지 못하는 높이를 처음으로 계산하고 고도 100km를 지구와 우주의 경계로 설정했다. 이를 카르만선(Kármán line)이라고 한다.

여객기가 대류권을 벗어나서 더 높은 곳으로 올라가지 않는 이유는 성층권의 공기량이 지상의 9%밖에 되지 않다보니 양력을 얻기가 더 어려워지기 때문이다. 공기의 양 자체가 줄어들면 항공기를 밀어 올리는 힘도 줄어들 수밖에 없는 것이다. 게다가 성층권의 온도는 -70℃까지 내려간다.

2021년 7월 11일에는 영국 버진 그룹Virgin Group의 리처드 브랜슨 회장Sir Richard Charles Nicholas Branson, 1950 - 을 포함한 6명의 탑승객들이 지구 고도 88.5㎞에서 수분간 머물며 우주여행에 성공했다고 밝혔다.[62] 그러나 고도 88.5㎞ 지점이 실제로 우주인지에 대한 논란의 여지도 있다.

3. 항공기들의 전후 간격과 측면 간격

고속으로 비행하는 항공기는 자칫 잘못하면 항공기간 충돌이 발생하므로, 각 항공기의 조종사들은 서로간의 간격을 충분히 이격시켜야 한다. 항공기간 앞뒤 간격은 대개 동일경로를 동일고도로 비행할 경우 10분 이상의 시간차를 두도록 하고, 옆 간격도 충분히 떨어지게 해야 한다. 이격 거리는 비행경로간의 거리에 따라 18㎞ 이상, 고속 비행이 이루어지는 고고도에서는 32㎞ 이상을 유지해야 한다.

---

62 신아형, "英 억만장자 브랜슨 회장, 첫 우주관광 시범비행 성공", 동아일보, 2021년 12월 4일 접속,

항공기 간의 안전거리 유지를 방해하는 요인

항공기 간의 안전거리를 결정하는 데에는 다음과 같은 여러 요소가 복합적으로 영향을 미친다.

▶ 바람
> 항공기가 이착륙할 때나 공중에서 비행할 때에는 미처 예측하지 못한 바람의 방향과 세기에 따라 속도가 빨라지거나 느려지고, 혹은 옆으로 밀리기도 한다. 이런 순간에는 조종사가 아무리 비행 방향과 자세를 정확하게 유지하려고 해도, 또한 자동조종장치를 작동시켜도 미세한 오차를 막을 수는 없다.

▶ 비행속도
> 무겁고 큰 덩치의 일반 여객기가 공중으로 도약하기 위해서는 많은 양력이 필요하고, 그 양력을 얻기 위해 고속으로 전진해야 한다. 항공기가 활주로에서 이착륙할 때는 대략 시속 278km(초속 77m) 내지 370km(초속 102m), 고고도에서 비행할 때는 시속 778km(초속 216m) 내지 889km(초속 246m)의 속도를 유지한다. 이는 눈 깜짝할 사이에 77m에서 246m를 지나가는 엄청난 속도이다. 만약 비행에 필요한 충분한 속력을 얻지 못하면 양력이 줄어들고, 그 결과 항공기는 중력의 영향

을 받아 지면 방향으로 내려오게 된다.

▶ 항공기 위치측정 오차

> 조종사가 자신의 비행 위치를 알기 위해서는 지상의 항행안전무선시설(VOR,[63] DME[64] 등)이나 우주의 인공위성(GPS, GLONASS[65] 등)에서 송신되는 전파신호를 수신해야 하는데, 수신된 전파신호를 처리한 후 계기판에 표시하는 과정에서 오차가 종종 발생한다.

▶ 조작에 대한 항공기의 느린 반응 속도

> 자동차는 회전하고자 할 때 운전대를 돌리면 즉각 반응하지만, 항공기는 방향 전환이나 상승·강하하기 위해 조종간을 조작하더라도 일정 범위만큼만 방향이 전환되거나 고도가 변경되기까지 오랜 시간이 걸린다. 반응 속도가 상당히 늦다는 것이다.

▶ 후류요란

> 후류요란wake turbulence은 대형 항공기가 지나갈 때 그 뒤쪽에 생기는 공기의 소용돌이이다. 지상 상황에 비유하자면 마치 길가에 서있을 때 대형 트럭이 빠르게 지나간 직후 생기는 어지러운 바람과 같은 것이다. 이에 비해 항공기로 인한 후류요

---

63 VHF Omni - directional Range. '초단파 전방향 무선 표지'라 한다.
64 Distance Measuring Equipment. '거리 측정 장비'라 한다.
65 러시아의 범지구 위성 항법 시스템

란은 그 위력이 대단해서 소형 항공기는 제자리에서 뒤집어질 정도이다. 항공기의 기체가 클수록, 속도가 빠를수록 이 후류 요란도 커지며 지상 뿐만 아니라 높은 공중에서도 발생한다.
▶ 활주로상 정지 가능성
＞ 엔진 고장, 타이어 펑크, 활주로의 이물질, 화재 등 여러 가지 원인으로 인해 항공기가 이착륙 도중 활주로 중간에 멈춰설 가능성도 있다.

전술한 많은 위험 요소들이 상존하는 상황에서, 빠르게 이동하는 기체의 조종사는 어떤 방법으로 다른 항공기와의 안전거리를 측정하여 유지할 수 있을까? 조종사가 안전거티 유지를 위해 비행 방향을 변경하는 순간 또 다른 항공기와 가까워지지는 않을까?

여기에 대한 답을 관제기관과 관제사ai- traffic controller들이 제시해 주게 된다. 관제사가 실시간으로 지시해주는 비행 방향, 고도, 속도, 이륙허가, 착륙허가를 조종사가 철저히 지키기만 하면 국제표준 안전거리는 충분히 유지된다. 항공기간 안전거리 유지는 사고 예방을 위해 매우 중요한 일이며, 만약 조종사가 관제사의 관제 지시를 즉시 이행하지 않으면 처벌받게 된다. 이는 모든 국가에 적용되는 공통사항이다.

4. 항공기가 목적지까지 가는 방법

항공기가 목적지 공항에 도착하기 위해서는 기체 자체의 첨단장치도 필요하지만, 전파를 이용하여 운항 및 착륙에 필요한 정보를 제공받아야 한다. 이러한 기능을 수행하는 장치로는 산의 정상 등에 설치된 전방향 무선표지시설과 항공기의 위치와 고도 정보를 제공하는 레이더 시설이 있다.

1) 전방향무선표지시설

전방향무선표지시설VOR; Very high frequency Omni directional Range은 항공기와 지상에 설치된 장비까지의 방위 정보를 제공하여 항공기가 길을 정확하게 찾아갈 수 있도록 해주는 시설이다. 대개는 항공기에서 설치된 장비까지의 거리를 제공해주는 거리측정시설DME이나 전술항법시설TACAN; tactical air navigation과 함께 설치하고 있으며, 항로를 구성해주는 항로용과 공항을 찾아가도록 하는 공항용이 있다.

우리나라에서는 높은 산 정상에 있는 9곳의 무선표지소(안양, 강원, 부산, 포항, 제주, 예천, 대구, 양주, 송탄)에서 그 기능을 한다. 또한 항로에서 공항을 찾아갈 수 있도록 각 공항에도 전방향무선표지시설이 설치되어 있다.

전방향 표지시설에는 CVORConventional VOR과 DVORDoppler VOR이 있으나, DVOR이 CVOR에 비해 지형지물에 의한 영향을 적게 받고 방위각 오차가 적어 우리나라는 DVOR을 사용하고 있다. 서울에서는 관악산에 있는 안양무선표지소에서 동 시설을 볼 수 있다.

| 자료 076 전방향무선표지시설

2) 위치, 고도, 속도 등을 제공하는 레이더

레이더radar는 운항 중인 항공기에 위치, 고도, 속도 등을 제공한다. 항공기는 레이더의 도움 없이는 운항이 쿨가능하다.

레이더 시설은 공항감시레이더, 항공로감시레이더, 지상감시레이더, 정밀접근레이더의 4가지가 있다.

공항감시레이더

공항감시레이더ASR, Airport Surveillance Radar는 공항에 1·2차 감시레이더로 병설 설치되어 공항을 중심으로 50 - 70㎚(92㎞ - 130㎞) 이내에 존재하는 모든 항공기의 방위, 거리 등을 탐지하여 감시·관제한다. 이 자료들은 레이더자료 자동처리장치로 처리되어 관제사에게 전달된다.

- 1차 감시레이더인 PSRPrimary Surveillance Radar는 지상 장비에서 전파를 발사하면 항공기나 공중 이동물체에 반사되어 되돌아온 신호를 이용하여 물체를 식별해내고 그 목표물의 거리와 방위를 탐지한다(목표물만 식별하여 현시).
- 2차 감시레이더인 SSRSecondary Surveillance Radar는 지상 장비인 질문기質問器에서 전파를 송신하면 항공기의 응답기에서 수신하여 자동으로 항공정보 등을 포함시켜 다시 지상 장비로 돌려보내고, 수신된 항공기 고유정보(편명, 고도, 속도 등)는 지상 장비가 처리하여 이 정보를 항공관제업무에 활용할 수 있게끔 한다.
- 레이더자료 자동처리장치ARTS; Automated Radar Terminal System는 1·2차 감시레이더에서 수신한 탐색자료(방위, 거리)와 각종

비행자료(편명, 고도, 속도 등)를 관제업무에 활용할 수 있도록 처리하여 관제사에게 현시시켜주는 장치이다.

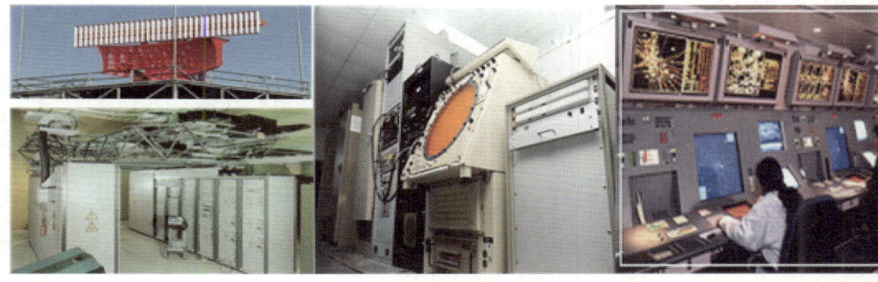

| 자료 077 공항감시레이더

항로감시레이더

항로감시레이더ARSR; Air Route Surveillance Radar는 공항감시레이더와 마찬가지로 1·2차 감시레이더로 병설 설치되어 안테나를 중심으로 200㎚(370㎞) 이내의 공역에 있는 항로상 항공기의 방위, 거리 등을 탐지하여 항공로 관제를 수행하는 레이더이다. 각 감시레이더 및 레이더자료 자동처리장치의 역할은 공항감시레이더와 동일하다.

| 자료 078 항공로감시레이더

지상감시레이더

지상감시레이더ASDE; Airport Surface Detection Equipment는 공항의 지상을 감시하는 레이더로써 활주로, 유도로, 계류장 등의 이동 물체(항공기, 지상 서비스 차량 등)의 통제 및 감시역할을 수행한다.

또한 야간이나 악천후(눈, 비, 안개 등) 등 관제사들이 공항의 지상을 관측하기 어려운 상황일 때 다른 항공기나 차량 등 지상 이동물체와의 충돌방지 등을 위해 활용되기도 한다.

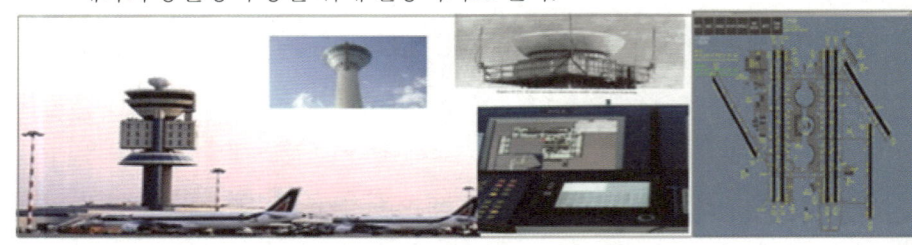

| 자료 079 지상감시레이더

정밀접근레이더

착륙하는 항공기의 방위각 및 활공각, 위치를 시각적으로 관제사에게 알려주는 시설로는 정밀접근레이더PAR; Precision Approach Radar가 있다. 주로 군용으로 활용되고 있으나 주변 환경의 영향 등으로 계기착륙시설을 설치할 수 없는 민간공항에도 일부 설치하여 운영하고 있다.

정밀접근레이더는 착륙하는 항공기의 위치, 활공각, 방위각 등이 관제 모니터에 표시되며, 관제사는 이 화면을 통해 항공기에게 활공각이나 방위각을 상·하 또는 좌·우로 이동하도록 음성으로 지시한다. 항공기에 설치된 계기판을 조종사가 직접 눈으로 보며 기체를 조정하는 계기착륙장치와는 달리, 정밀접근레이더는 관제사의 음성 지시에 따라 조종해야 하므로 이에 익숙하지 않은 민간 조종사들은 이용하기에 불편하고 교통량이 많은 공항에서는 사용에 제약이 있다.

| 자료 080 정밀접근레이더

제 8장
항공 기상에 대처하는 방법

 제3장에서 살펴본 바와 같이 기상氣象은 항공기의 운항에 많은 영향을 끼친다. 조종사와 관제사 등의 항공안전요원들은 기상예보와 실시간 기상상태를 충분히 숙지하고 이에 대응하여야 한다.

 특히 운항을 앞둔 조종사는 운항관리사로부터 해당 노선의 기상상황을 전달받고 난기류 등의 악기상을 예측하여 대비책을 강구해야 한다. 또한 운항 도중에도 창문을 통해 식별되거나 레이더에 표기되는 기상상태를 숙지하는 한편 관제탑이나 주변의 다른 항공기와도 연락을 취하며 최신 기상정보를 지속적으로 확인해야 한다.

1. 바람이 많이 분다… 항공기가 뜰 수 있을까

측풍 30kn, 배풍 10kn 이상이면 이착륙이 제한된다

 바람은 항공기의 운항에 있어서 매우 중요한 고려사항이다. 이착륙 기준치 이상의 바람이 불면 공항 당국은 아예 입출항 허가를 하지 않는다. 장거리 비행에서 이미 목적지 공항 상공에 도착했더라도 바람의 강도가 착륙 허용치 이상일 경우에는 인근의 허용치 이하인 다른 공항으로 비행하여 착륙해야 한다.

 항공기 운항에 가장 영향을 미치는 바람은 측풍, 돌풍, 배풍, 가변풍, 급변풍, 윈드쉬어wind shear 등이 있다. 일반적으로 조종사에게 가장 위험한 바람은 낮은 고도에서의 측풍이며, 이착륙과정에서의 임계값을 초과하는 배풍이다.

 공항에서는 통상 측풍(옆바람)이 30kn, 배풍(뒷바람)이 10kn 이상인 경우 이착륙이 제한된다. 이 수치는 활주로의 길이와 폭, 활주로 표면이 젖어있거나 미끄러운 상태, 착륙대 확보상태, 항공기의 기종 등에 따라 조금씩 다르다.

알맞은 바람은 정풍, 힘든 바람은 측풍

 일상 속에서는 바람을 불어오는 방향에 따라 남서풍, 북동풍 등으로 부르지만 항공분야에서는 항공기를 중심으로 구분한다. 즉, 항공기의 전면에서 후면으로 부는 바람은 정풍(앞바람) 正風; head wind, 후면에서 전면으로 부는 바람은 배풍(뒷바람) 背風; tail wind, 측면에서 부는 바람은 측풍(옆바람) 側風; cross wind이라 한다. 그 이외에도 지상에서 하늘쪽으로 부는 상승풍 up‐draft, 그 반대인 하강풍 down‐draft, 갑작스런 돌풍 gust 등 항공분야에서의 바람은 그 이름과 특성이 다양하다.
 이 중 정풍을 받아서 이륙하면 대기속도가 증가하기 때문에 그만큼 양력이 커지므로 단기간에 이륙속도에 도달하게 되어 활주 거리도 그만큼 짧아진다. 착륙시에도 정풍을 받아 착륙하면 대기속도는 무풍 無風의 경우보다 적어져서 착륙 시에 지면과의 충격이 적어지며 활주거리도 짧아진다. 이륙한 후에는 뒤에서 배풍을 타는 것이 좋다. 기체를 뒤에서 밀어주는 효과가 있기 때문에 속도도 높아지고 그만큼 연료도 절약된다.
 반면 어떤 경우에도 반갑지 않은 것이 바로 측풍이다. 측풍이 일정 기준치 이상으로 불면 엔진으로의 공기 유입이 원활하지 못해 엔진이 작동되지 않을 수도 있고, 심하면 항공기가 균형을 잃을 수도 있다. 측풍은 항공기 기수방향에 직각으로 부는 바람인데, 바람이 이와같이 불게 되면 기체의 방향 제어에 영향을 받는다. 조종사가 측풍에 대한 보정을 제공하지 못하면 활주로 측면에서 표류하거나 착륙장치에 측면 부하가 발생할 수 있어 위험하다.

이러한 측풍이 강하게 불면 항공기 이착륙이 전면 금지되기도 하는데, 그 중에서도 특히 예측할 수 없는 갑작스런 돌풍성 측풍이 위험하다. 돌풍은 풍속의 최고 - 최저 차이가 10kn 이상의 변동을 나타내는 바람으로, 항공기가 바람을 타고 운항하여도 이착륙중의 돌풍은 조종에 문제가 될 수 있을 정도의 대기 속도 변동을 초래한다. 이러한 돌풍은 속도와 함께 부력을 증가시키게 되므로 항공기가 일시적으로 위로 올라갈 수 있다. 또한 돌풍이 멈추면 갑자기 속도가 감소되면서 이로 인한 부력감소는 기체를 가라앉힌다. 항공기가 지면에 닿는 터치다운touchdown 시점에서의 돌풍은 안전한 착륙을 방해하는 요인이다.

이에 따라 항공기 제작사는 기종별로 안전한 이착륙을 위해 허용되는 풍향 강도를 정하고 있다. 정풍은 풍속 제한이 거의 없지만 측풍은 B737기의 경우 30kn로 제한하는 등 기종별로 이착륙 허용 풍속을 정해 엄격히 적용하고 있다.[66][67]

---

[66] iSkylover, "항공기와 바람", iSkylover(블로그), 2021년 12월 4일 접속,

[67] 국토교통부, 『항공종사자 표준교재』, 국토교통부, 2020

우리나라의 바람

    우리나라는 겨울철에 시베리아에서 발생하는 고기압의 영향으로 북서계절풍이 불고, 여름철에는 북태평양 고기압의 영향으로 남동풍이 주로 분다. 따라서 국내에서는 김포국제공항이나 인천국제공항과 같이 북서·남동 방향으로 건설된 공항이 바람의 영향을 적게 받는다.

    반면 지형적인 영향(바다)으로 인해 주 활주로가 동·서 방향으로 놓인 공항에서는 겨울철이 되면 종종 강한 북서풍[68]이 불어 항공기 측풍 운항 한계가 초과되어 결항되는 경우도 있다. 특히 제주국제공항이 이러한 경우인데, 북서풍에 더하여 바람이 한라산에 부딪혀 사방으로 불기 때문에 이륙시에만 남북 활주로를 이용하고 나머지의 경우에는 주로 동서 활주로를 이용하고 있다. 제주국제공항은 여러모로 이착륙이 어려운 공항이다.

    태풍은 동경 110 - 180°, 북위 5 - 20° 구역의 적도 부근에서 해수면 온도가 27° 이상일 때 발생하는 열대성 저기압으로, 연간 80개 가량 발생한다. 태풍은 강한 돌풍과 심한 난기류, 저고도 전단풍, 강풍을 동반한 집중 폭우가 쏟아지며 태풍이 형성된 주변 지역은 나선형 비구름이 자주 발생하여 운항에 세심한 주의를 요한다.

---

[68] 30kn 이상의 측풍이다.

운항 중인 항공기는 풍속 20kn(시속 37㎞) 미만의 바람에는 영향을 받지 않는다.[69]

제트기류

25,000 - 30,000ft 상공에서 형성되는 제트기류 jet stream는 풍속 약 90㎞/h(50kn) 이상인 상층의 강한 기류를 일컫는다. 중심 풍속이 겨울에는 약 300㎞/h, 여름에는 약 110㎞/h에 달하는 강한 서풍 계열의 기류로써 우리나라를 기준으로 서쪽에서 동쪽으로 불게 된다. 겨울철에는 위도가 내려오고 여름철에는 북극 쪽으로 올라간다.

제트기류는 뜨거운 공기와 차가운 공기의 경계를 따라 형성된다. 따라서 제트기류는 북반구와 남반부의 겨울에 가장 강하게 발생한다. 봄이 되면 태양의 고도가 매일 증가하므로 제트기류가 시베리아 북쪽 지역으로 이동하며, 가을이 다가오고 해발고도가 낮아지면 남쪽으로 이동한다. 그래서 우리나라는 여름보다 겨울에 제트기류의 영향을 강하게 받는다.

우리나라의 경우 제트기류의 바람이 서쪽에서 동쪽으로 불기 때문에 유럽으로 비행할 때 시간이 많이 걸리고 반대로 돌아올 때 적게 걸린다. 미주 노선의 경우에도 한국을 출발하는 항공기는 배풍을 받

---

69 iSkylover, "항공기와 바람", iSkylover(블로그), 2021년 12월 4일 접속,

아 비행시간이 단축되지만 한국에 도착하는 항공기는 바람을 안고 운항하게 되어 비행시간이 1시간 이상 차이난다.[70][71]

> ❖ **바람이 심할 때의 관제사 대처 사례 소개**
>
> 우리 부산지방항공청에는 적지 않은 수의 항공교통 관제사들이 항공안전을 위하여 근무하고 있습니다. 지난 4월 22일 일본항공 969편이 김해공항으로 입항하고 있었습니다. 바람은 남풍의 15노트 이상 불고 있었고, 활주로 18의 경우 선회접근 기상치 이하여서 오로지 남은 방법이란 360도(즉 남쪽에서 북쪽으로) 방향으로 바람을 등지고 착륙하는 방법밖에는 남아 있지 않았습니다.
>
> 그러나 그마저도 최대배풍허용치인 15노트 이상 불고 있었기에 그 항공기는 김해공항 남동쪽 15마일쯤에서 절차대로 대기하며 바람이 잦아 들기만을 기다릴 수밖에 없는 상황이었습니다. 이미 몇 대의 항공기들이 회항하여 대체공항 또는 출발지 공항으로 돌아간 상황이었습니다. 기상이 다소 호전될 것이라는 예보를 받고 김해로 향한 항공기는 막상 그다지 변하지 않은 상황에서 최대한 기다려 보겠다고 하였습니다. 그렇게 조종사의 의도를 확실히 파악하였으며, 얼마간을 더 기다릴 수 있는지 확인하였으며 그 이후에는 바람의 상황을 실시간으로 꾸준히 알려주며 최대한 운항에 도움을 줄 수 있도록 정보를 제공하였습니다.

---

70 iSkylover, "항공기와 바람", iSkylover(블로그), 2021년 12월 4일 접속,

71 국토교통부, 『항공종사자 표준교재』, 국토교통부, 2020.

그러기를 20여분이 지나 바람이 잠시 15노트 이하로 잦아든 틈을 타서 레이더 접근을 시키게 되었고, 항공기는 무사히 착륙하였습니다.

항공기에서 무작정 기약 없이 기다리는 승객들의 얼굴들, 그리고 그렇게 도착지에 내리지 못하고 다시 돌아가야만 하는 상황, 비즈니스 문제든 가정사이건 무조건 들어와야만 하는 승객들이 혹시 있다면 그들은 얼마나 마음 조리고 있을까 하는 생각도 되다 보니 책임감이 막중하게 들고 잦아들지 않는 바람이 야속했습니다.

그런 상황이면 조종사든 관제사든 한 마음이 됩니다. 바람의 움직임에 좀 더 세밀하게 반응 할 수밖에 없으며 결국 그 타이밍을 찾아 무사하게 항공기를 접근 시켰으며 마지막 저의 주파수를 떠나는 조종사의 단 한 마디 "thank you"에 평소 업무에서 오는 고단함은 봄 햇살의 눈처럼 녹아져 내립니다. 바로 고맙다는 진심어린 단 한마디가 더 없이 좋은 관제사입니다.

우리 김해공항 관제사들은 봄이 되고 여름이 다가오면 마음이 조금씩 긴장이 됩니다. 일면 써클링 어포르치 (Circling Approach)를 실행하게 되면 항공기간의 분리 간격도 길어지고 그와 함께 이륙하는 항공기와 착륙하는 항공기간에 Face to Face 상황도 발생하게 되고, 써클링 마저도 안 되는 상황이라면 항공기 특성상 바람을 안고 이착륙해야 함에도 불구하고 배풍착륙을 해야 하기에 항상 긴장을 안고 업무에 임해야 할 수 밖에 없습니다.

이러한 상황에서도 기체 한 대 한 대 안전하게 착륙하게 되는 모습을 보는 것이 바로 관제사의 최고의 자양강장제이자 즐거움입니다.

여기에 감히 한 가지를 더 붙이자면 김해공항 관제사들의 최대 바람은 국제공항으로는 몽골공항과 김해공항밖에 없는 선회접근 절차를 지양할 수 있는 환경들이 이루어졌으면 하는 것입니다.[72]

---

[72] 부산지방항공청, 『우리들 이야기 - 2012년 1월호』, 부산지방항공청, 2012

2. 저시정 상태에서의 착륙

항공편 결항여부는 주로 바람과 시정視程에 의해 좌우되는데, 바람에 의한 경우는 매우 드물다. 바람은 대개 15m/s나 55km/h 이상 불어야 이착륙에 영향을 주는데, 활주로 건설단계에서부터 바람의 방향 등이 고려되기 때문에 측풍으로 인해 이착륙이 취소되는 경우는 거의 없다. 이착륙 불허의 대부분은 안개 발생으로 인한 저시정底視程에 의한 것이다. 구름이나 안개는 대기 중의 수증기가 응결핵을 중심으로 응결하여 형성되며, 이것이 지면에 접해있으면 안개이다.

하지만 대부분의 공항은 야간이나 우천 상황에서 안개가 끼어 육안으로 활주로가 잘 보이지 않더라도 원활한 착륙이 가능하도록 해주는 항행안전시설을 잘 갖추고 있다. 인천국제공항의 경우에도 이러한 시설 덕분에 시정이 75m만 되어도 착륙이 충분히 가능하다.

우리나라의 공항별 최저착륙시정을 살펴보면 인천국제공항과 김포공항은 75m, 제주국제공항은 300m, 김해공항은 350m이다. 양양국제공항과 무안국제공항은 550m이다. 사천, 포항, 원주공항은 다소 낮은 항행안전시설 등급으로 인해 800m - 2,000m 이상이다.

3. 난기류로 흔들리니 겁이 나지만

여객기를 자주 타는 사람도 비행 중 난기류를 만나 기체가 요동치면 겁이 난다. 항공기의 난기류는 비행중인 항공기의 불규칙한 움직임, 특히 급변하는 풍속의 변화로 동체가 상하로 심하게 요동치는 것이 특징이다. 난기류는 덜컹거림부터 항공기 기체 손상 및 승객의 부상을 일으킬 수 있는 심한 흔들림까지 그 양상이 다양하다.[73]

난기류亂氣流; turbulent air란 지표면의 부등 가열과 기복, 수목, 건물 등에 의하여 생긴 회전기류와 급변한 바람의 결과로 불규칙한 변동을 하는 대기의 흐름을 뜻한다. 난기류는 바람이 강한 날 지상에서 맴도는 조그마한 소용돌이부터 대기 상층의 수십km에 달하는 난류가 있으며, 시간 역시 수초에서 수시간까지 분포한다. 지상에서는 난류가 스콜squall이나 돌풍 등에서 나타난다.

난기류는 자연적인 기압의 불안전으로 생기는 일반적인 난기류와, 항공기가 지나가면서 발생하는 후류난기류wake turbulance, 구름 한 점 없는 맑은 하늘에 발생하는 청천난기류clear - air turbulance가 있다. 이 중 청천난기류는 지구를 둘러싸고 있는 대륙간 제트기류들이 높은 고도에서 충돌하면서 공중에 파장을 일으켜 발생한다. 일반적인 난기류의 경우 조종사가 미리 예측하고 대처하는 것이 용이하지만 후

---

[73] 국토교통부, 『항공종사자 표준교재』, 국토교통부, 2020

류난기류와 청천난기류는 깊은 주의가 필요하다.

후류난기류는 비행중 항공기의 날개가 양력을 생성하면서 날개 끝에 소용돌이 같은 공기의 흐름이 만들어지며 생긴다. 그 너비는 날개의 약 2배이며 1분에 150m 가량을 하강, 기체로부터 약 300m 아래까지 내려가서 잔존하다가 일정시간이 지나야 소멸한다. 통상 이착륙시 덩치가 큰 항공기가 움직이면 5분 이내에는 작은 항공기를 이륙시키지 않거나 일정고도 및 거리를 조율하는 방법을 통해 예방한다.

청천난기류는 육안으로 식별이 불가하고 기상레이더에도 탐지되지 않기 때문에 상당히 위험하다. 청천난기류는 산맥을 지날 때 강한 기류가 그 아래쪽에 소용돌이 바람을 일으키거나 산맥이 아니더라도 권계면을 지날 때 그 주변에서 불던 강한 제트기류가 주변 공기를 교란시키며 일어난다.[74]

난기류를 마주한 조종사는 항공기에 부착된 기상레이더로 미리 감지한 다음 고도를 높이거나 낮춰 빠져나간다. 또한 정상적인 순항 속도보다 느리게 비행하여 요동을 최소화함으로써 승객의 불안을 덜어주기도 한다. 하지만 난기류를 만나도 불안해할 필요는 없다. 기체는 난기류로 인한 여하한의 부하도 충분히 견딜 수 있도록 설계되어 있다.

---

74 "Turbulence", wikipedia, 2021년 12월 4일 접속,

4. '벼락맞은 항공기'는 괜찮을까?

비행 중인 항공기가 마주할 또 다른 기상요소로는 뇌우와 천둥·번개가 있다.

뇌우

뇌우는 천둥과 번개를 동반하는 적란운, 혹은 적란운의 집합체이다. 강한 대류 활동성을 가진 뇌우는 폭우, 우박, 번개, 돌풍을 동반함으로써 짧은 순간에도 큰 항공재해를 가져올 수 있다. 열대지방에서는 매일 주기적으로 발생하며, 우리나라와 같은 중위도 지방에서는 봄과 여름을 거쳐 가을까지 뇌우의 가능성이 존재한다.

| 자료 081 적란운

뇌우세포의 직경은 수 ㎞이며 세포간의 간격은 1㎞ 정도가 보통이지만 일정하지 않다. 물론 이 간격도 구름에 덮여있으므로 항공기에서는 판별되지 않는다. 구름 속의 상승기류와 하강기류는 뇌우세포에 따라 다르게 나타나며 적란운 속에서 단계가 다른 세포들이 있으므로 적란운을 횡단할 때는 상승기류나 하강기류와 만나게 된다.

구름 최상층의 고도가 10㎞에 달하는 거대한 적란운 속에는 항공기를 추락시킬 정도의 난기류, 우박, 번개 등이 나타날 가능성이 있으므로 이러한 적란운을 발견한 조종사는 이 구름 속에 절대 들어가지 않도록 해야 한다.

천둥과 번개

항공기가 비행 중 구름 속으로 들어가면 창문으로 내다보이는 외부의 여기저기에서 번쩍거리며 번개가 치는것을 볼 수 있다. 그 번개 중 일부에 분명 항공기도 맞을것 같은데 정작 항공기는 멀쩡하며 그 안에 탑승하고 있는 승객들은 아무것도 느끼지 못한다. 왜 그럴까?

항공기의 좌우 날개와 수직 날개 부분에는 피뢰침이 약 50여개나 설치돼있다. 피뢰침에 떨어진 수만 볼트의 번개 전류는 전기 전도성이 뛰어난 알루미늄 합금으로 제작된 동체 표면을 흐른 후 정전기 방출기static discharger를 통해 공중으로 방출된다.

지상에서 번개가 칠 때 차량 내부에 있는 것이 오히려 안전한 것과 같이, 공중에서도 항공기 내에 있는 사람은 번개의 불빛과 굉음으로 인하여 일부 놀라거나 두려움을 느낄 수는 있지만 절대적으로 안전하다. 항공기에 탑재된 수많은 전자 장비들도 마찬가지다. 간혹 항공기 전면의 돌출 부분과 그 내부에 있는 레이더 장비에 대한 피해사례가 보도되기는 하지만 이는 매우 드문 일이다.

항공기는 대개 1년에 1 - 2차례 낙뢰를 맞는 것으로 알려져 있지만, 상술한 정전기 방출기 덕분에 낙뢰로 기체가 심하게 파손되는 사고인 라이트닝 스트라이크lightening strike가 발생하는 일은 드물다.

| 자료 082
항공기의 피뢰침. 사진과 같이
날개 좌측에 부착돼있다.

| 자료 083
항공기 주변의 낙뢰 모습

천둥·번개를 동반한 적난운과 뇌우 구름은 솜털처럼 부드러운 순백색의 봉우리 모양으로 그림 같은 조화를 이루지만, 내부에서 터져 나오는 천둥소리는 천지를 흔들 정도이다. 조종사들은 한번 내리치는 번개는 최소 10억볼트 밝기의 전력과 같아서 바다와 육지를 대낮처럼 밝히곤 한다고 말한다.

5. 착빙과 눈

이륙한 항공기가 최고 고도인 순항고도에 도달하면 기온이 낮아져서 날개와 동체가 얼게 된다. 이러한 결빙은 항공기가 뜨는 힘인 양력을 감소시켜서 운항시 큰 위험이 된다. 이를 방지하기 위해 이륙 전 기체에 디아이싱de-icing, 또는 안티아이싱anti-icing 작업을 한다.

　결빙이 생기는 원인은 다양하다. 기온이 영하로 내려가고 습도가 높아지면 옥외에 계류중인 항공기의 노출표면에 서리가 발생하여 결빙되며, 시동중인 프로펠러에도 결빙이 생긴다. 또한 따듯한 격납고에 있던 항공기가 눈보라가 치는 외부로 이동하면 항공기 표면에 쌓인 눈이 녹았다가 냉각되면서 결빙된다.

　일정한 대기환경에서의 착빙 가능성은 항공기의 형태와 속도에 영향을 받는다. 제트기에서는 착빙 형성 빈도가 가장 낮은데, 강한 추력으로 착빙의 임계온도 영역을 벗어나는 높은 고도를 바르게 비행하기 때문이다. 반면에 프로펠러에 의해 비행하는 경비행기는 착빙 장치가 없거나 주로 습하고 낮은 고도를 비행하기 때문에 착빙 형성이 자주 일어난다.

　눈이 내리면 미끄러워지는것 외에도 조종사의 중요한 참조물이 되어주는 활주로의 각종 선과 신호들이 가려지게 된다. 그때문에 활주로는 눈이 내리면 항상 제설 작업에 심혈을 기울여 혹시 모를 사고에 대비해야 한다.

6. 조종사는 구름의 양도 알아야 한다?

구름의 양은 비행에서 중요한 요소가 된다. 조종사는 자신이 비행할 항로 중 지상을 볼 수 있는 곳, 구름 속에서 비행하는 곳, 구름 위를 비행하여 지상을 관찰할 수 없는 곳 등의 여부를 정확하게 알고 있어야 한다. 구름의 양은 조종사의 시야를 결정해주는 요소이기 때문에 비행에 있어서 중요한 고려사항이다.

앞서 언급했듯이 구름은 지표면 위 대기의 미세한 물방울과 얼음 입자의 가시적인 집합체이다. 안개와 구름의 차이점은, 안개는 지표면에 닿아있고 구름은 지표면 상공에 위치해있다는 것이다. 구름은 난운nimbus, 층운stratus, 적운cumulus, 권운cirrus의 4가지 형태로 구분된다. 이 중 난운은 가장 낮은 고도의 구름이며 500 - 1,000m 사이에 형성되어 비를 내리게 한다. 적운은 뭉게구름이며, 권운은 새털구름인데 가느다란 얼음결정으로 형성된다.[75]

구름은 입자와 수직발달 정도에 따라 여러가지 형태로 나타난다. 수직으로 된 구름과 빙정氷晶으로 된 구름은 형성 고도와 모양, 색깔이 다르다. 구름을 조금 더 세분화하면 다음과 같이 10가지 종류가 있다.

---

75 ㈜키스컴, 『무인항공기 운영자를 위한 항공역학, 항공기상』, ㈜키스컴, 2014

- 권적운cirrocumulus: 양털모양의 작은 덩어리 구름
- 권운cirrus: 줄무늬 모양의 구름
- 권층운cirrostratus: 무리가 나타나는 얇은 층 모양의 구름
- 고층운altostratus: 층 모양의 얇은 흑색 구름
- 고적운altocumulus: 양떼가 줄을 지은 모양의 구름
- 층운stratus: 층 모양의 구름
- 층적운stratocumulus: 두껍거나 평평한 덩어리 모양의 구름
- 난층운nimbostratus: 두껍고 눈, 비를 내리는 검은 회색 구름
- 적란운cumulonimbus: 수직으로 발달해 탑 모양을 이루는 큰 구름
- 적운cumulus: 수직으로 두껍게 발달한 구름

7. 기압과 온도

항공기의 속도는 공기의 저항이 적으면 속도가 빨라지므로 공기밀도의 제곱근에 반비례하며, 공기밀도는 상공으로 올라갈수록 낮아지기 때문에 항공기는 높이 비행할수록 큰 속도를 얻을 수 있다. 여름철에 기온의 상승으로 공기가 희박하여 산소량이 부족해지면 출력이 적게 나오고, 겨울철에 기온이 저하되면 공기가 응축되어 산소의 밀도가 높아져 출력이 올라간다. 또한 차가운 공기는 따듯한 공기보다 밀도가 높으므로 상대적으로 무겁기 때문에 가라앉는다.

기압이 높으면 공기압력이 높아지고 산소량이 많아지며, 그에 따라 출력이 높아진다. 하늘을 올라갈수록 기온이 낮아지고 기압이 낮아지며 출력도 적어진다. 비행장의 기압이 낮아지면 항공기의 상승률이 저하되기 때문에 이륙 시에 속도를 높이지 않으면 안된다. 또한 항공기가 착륙유도를 받는 자세에 들어서면 항공기의 고도계에 나타나있는 고도가 항공기와 활주로 노면과의 간격을 가리켜주는 유일한 지침이 된다. 따라서 착륙 진입 시에는 지상기압의 변화를 시시각각으로 파악하는 것이 안전착륙을 위하여 중요하다.

　단위면적당 공기의 양을 의미하는 공기밀도는 기온이 오르면 낮아지고 기온이 떨어지면 높아진다. 활주로는 한여름에는 주변보다 온도가 무려 5 - 10°나 더 높다. 점보기의 경우 평소에는 1,500 - 1,700m를 활주한 뒤 이륙하게 되지만, 40°에 가까운 여름에는 3,000m 가까이를 활주해야 겨우 뜰 수 있다.

　항공기가 높이 올라갈수록 공기의 밀도, 압력, 온도가 점점 낮아진다. 제트 여객기들이 비행하는 고도인 1만ft 상공에 올라가면 온도는 -50°, 압력은 지표면의 약 26%, 밀도는 33% 수준까지 낮아진다. 기압은 항공기가 300m 상승할 때마다 약 3% 낮아진다.

　석빙고石氷庫는 환기구를 이용하여 더운 공기가 밖으로 빨리 빠져나가도록 했고 밖의 열은 안으로 쉽게 들어오지 못하도록 진흙과 석회 등으로 지붕을 덮어 열의 출입을 차단했다. 이는 차가운 공기는 따듯한 공기보다 밀도가 높기 때문에 상대적으로 무겁고, 입구에서 들어온 따듯한 공기는 미처 얼음에 닿기도 전에 차가운 공기에 밀려 천장으로 치솟아 곧장 굴뚝으로 빠져나가도록 한 원리이다. 이것이 항공기에도 적용되는 것이다.

8. 화산재, 우박, 황사

화산재

 화산재는 지하의 뜨거운 마그마가 화산의 폭발로 분출되면서 뿜어져나오는 암석 부스러기 중 하나이다. 입자의 크기는 지름 2㎜ 이하로 아주 작아서 모래와 비슷하거나 점토처럼 곱다고 생각하면 된다. 심지어 머리카락 굵기보다 얇은 경우도 있어 공기가 있는 곳이면 어디든 스며들 수 있는데, 항공기의 엔진이나 계기판 등에도 들어가 문제를 일으킬 수 있다.
 항공기의 엔진에 화산재가 들어가면 엔진이 바로 멈춰버리는데 그 이유는 규소 때문이다. 유리의 원료이기도 한 규소는 뜨거운 엔진에서 녹아버리고, 녹은 규소가 엔진 구석구석에 들어가 결국 작동을 마비시키게 된다.
 또한 화산재는 계기판에도 악영향을 준다. 항공기의 계기판은 외부 공기가 들어갈 수 있게 만들어졌기 때문에 화산재 역시 들어갈 수 있다. 계기판에 화산재가 들어가면 고도와 속도 등을 제대로 표시할 수 없어 정상운항이 불가능하다.

화산재가 지름 4 - 5mm 정도로 뭉치거나 화산가스 공기의 수증기와 합쳐지는것도 문제이다. 화산재 입자는 마그마 속에서도 녹지 않고 고체로 남을 정도로 단단한데, 그것들이 덩어리가 되어 조종석 유리에 붙으면 창문을 손상시킬 수 있으며 조종사의 시야를 가려 정상적인 운항을 할 수 없다. 또한 화산재의 입자는 전파도 방해할 수 있어 통신까지 마비되는 사태를 불러올 수 있다.

우박

우박은 엄청난 속도와 에너지를 가질 수 있으므로 비행 중인 항공기에 위험하다. 좁쌀 정도의 크기부터 탁구공이나 오렌지 정도의 크기까지 다양하며, 무거운 것은 2kg이 넘는 것도 있다.

크기가 다양한 만큼 떨어져 내리는 속도도 판이하다. 일반적으로 큰 우박들의 비산속도는 100km/h 정도인데, 직경 8cm정도까지 성장하는 동안에는 자유낙하 속도가 지름의 제곱근에 비례한다. 그러나 직경 10cm 이상의 덩어리는 자유낙하 속도가 초당 100cm 이상으로 대폭 증가한다.

황사

　우리나라의 기상은 물론 일상생활에까지 영향을 미치는 황사는 바람에 의해 하늘 높이 올라간 미세모래 먼지가 대기 중에 퍼져서 하늘을 덮었다가 서서히 떨어지는 현상 또는 떨어지는 모래흙을 뜻한다. 황사는 주로 중국 북부와 몽골 남부의 건조지역, 중국 동부 만주의 사막지역 내에서 발생한다.

　항공기의 연료탱크는 날개 안쪽에 장착되어 이착륙시에는 급격한 온도차에 노출되기 때문에 연료팽창에 대비해 공기 흡입구를 열어둔다. 연료탱크에 황사가 유입되어 연료 필터가 막히면 엔진의 작동을 정지시키는 중대 위험요인이 된다. 국제항공운송협회IATA; International Air Transport Association 연료 분과 조사위원인 마시모토 유키오 씨의 연구결과에 의하면 해발 3,000㎞ 상공에 뜬 황사, 즉 지상에 내려오지 않고 공중에 머물러있는 이러한 성분이 항공기 엔진의 연료 필터를 막아서 엔진에 이상을 초래할 수 있다.[76]

---

[76] 이호일, "봄철 황사가 항공기 운항에 미치는 영향", 메트로미디어, 2021년 12월 4일 접속,

제 4편
나의 소중한 생명을
지켜주시는 분들

제9장
여러분들이 있어 우리는 편안한 여행을 할 수 있습니다

    지금까지 공항과 운항 안전에 대하여 살펴보았다. 그러나 항공기에 첨단장치가 있어도, 활주로에 고성능 장비가 있어도, 결국에는 그것을 운용하는 사람이 가장 중요하다.

    여기서는 승객의 생명을 지키기 위하여 조종사, 객실 승무원, 관제사, 정비사 등의 항공안전요원들이 어떤 자격을 갖추고 훈련 및 근무에 임하는지 알아보고, 장거리 운항에 따른 피로도는 어떻게 관리하는지 등을 살펴보도록 하겠다.

1. 조종사

1) 조종사는 승객의 안전을 책임지는 사람이다

　수백 명의 승객을 태우고 하늘을 나는 조종사는 멋진 직업이다. 그러나 승객들의 안전에 대한 책임은 매우 엄중하다.

　항공기의 기장을 'PIC'이라고 하는데 이것은 'Pilot In Command'의 약자이다. 이 명칭에서 보듯 기장의 임무는 양 어깨에 달려있는 견장만큼이나 무거운 것이다. 「항공안전법」에서는 항공기의 문이 닫힌 시점부터 비행의 최종종료단계인 엔진의 작동이 멈출 때까지 기장이 항공기의 안전과 보안 및 운항에 대하여 책임을 다할 것을 명시하고 있다.

　우리는 가끔 뉴스를 통해 비행 중 비상상황에서 조종사가 침착하게 대처하여 수백명의 승객을 지킨 사례들을 본다. 승객들이 비상시에 믿는 사람은 오로지 조종사이다. 저자가 국토교통부 항공자격과장으로 재직하던 시절의 동료였던 운항자격심사팀장은 운항자격심사를 할 때 조종사들에게 "여러분들은 수백 명의 생명을 책임지는 조종사다. 승객들은 기장이 누구인지 얼굴도 모르지만 오로지 조종사만 믿고 자신의 생명을 맡긴다"고 안전을 당부했다고 한다.

　실제로 조종간을 잡고 있는 순간, 뒤의 객실에 자신을 믿고 탑승한 수백명의 승객이 있다고 생각하면 책임을 느끼지 않을 수 없을 것이다. 저자도 보안 점검차 조종석의 뒷좌석에 앉은 경험이 있는데 그 순간에도 무거운 책임감을 느꼈다. 이러한 중압감을 떨쳐내기 위하여 대부분의 조종사들은 비행전 조종석에 앉아 마음속으로 안전운항을 기원하는 기도로 비행을 시작한다.

이처럼 조종사는 승객의 안전을 책임지므로 자격을 얻기가 쉽지 않고, 항공사에 입사한 후에도 각종 훈련과 심사에 임할 뿐만 아니라 여러 기술공부를 하는 등 '평생공부'를 해야 한다.

| 자료 084

델타 항공사에서 근무중인 모녀 파일럿의 모습. 어머니인 웬디 렉슨(Wendy Rexon) 기장의 뒤를 이어 그녀의 딸인 켈리 렉슨(Kelly Rexon)이 부기장으로 동승하였다. 이러한 사실은 엠브리 - 리들 항공대학교(Embry - Riddle Aeronautical University) 총장인 존 와트렛 박사(John Watret)의 트위터 게시물을 통해 전 세계의 언론에 알려졌다.

* 편집자주: 뉴스저작권 문제로 인하여 실제 사진을 일러스트물로 대체함

2) 지속적인 기종 훈련과 자격심사

기종별 비행경험의 유지

조종사는 항공기 운항에 필요한 자격을 취득하더라도 기종별 추가 교육을 받아야 한정증명(type rating: 기종별 운항자격)을 갖출 수 있다. 자동차의 운전면허와 달리 기종별 비행 경험을 지속적으로 유지해야 비로소 항공기의 운항이 가능한 것이다. 한정증명은 「항공안전법」의 시행규칙에 따라 90일 내에 이륙과 착륙을 각각 3회 이상 행한 비행경험이 있어야 유지된다. 한정증명이 소멸된 조종사는 2 - 3주에 걸쳐 재교육을 받아야 한다.

조종사의 훈련

조종사들이 가장 빛날 때는 비상상황에서 훌륭하게 착륙하여 승객들의 박수를 받는 경우이다. 이에 대비하여 조종사들은 다양한 상황을 가정하여 훈련한다. 과거에는 항공기 자체의 결함으로 인한 사고가 많았으나, 항공전자기술의 'High - Tech화'로 설계된 최근의 항공기에 비해 'Human - Tech' 분야의 발전은 다소 늦음으로 인하여 조종사의 실수에 의한 사고가 증가하고 있다. 그만큼 조종사의 기량과 전문지식은 운항에 있어서 매우 중요하다.

　수년간의 훈련과 경험을 통해 자격증을 취득한 후 항공사에 입사한 조종사는 (항공사 별로 다소 차이가 있으나) 대형 항공사의 경우 입사 후 6개월 가량 항공사 기본교육을 이수한 후 기종을 배정받아 본격적인 기종 교육 훈련을 시작한다. 해당 기종에 대한 전문적인 지식습득을 위하여 이론 교육 및 각종 장비를 활용한 실습교육 후 항공기와 동일한 시뮬레이터에 탑승하여 훈련을 받는다. 이러한 시뮬레이터 훈련단계에서는 정상적인 운항절차는 물론 실제 항공기로는 실시할 수 없는 다양한 비정상 절차 대응훈련이 진행된다.

　시뮬레이터 훈련이 끝나면 국토교통부에서 주관하는 필기 및 실기평가를 통하여 해당 기종의 한정자격증을 취득한 후 노선 관숙비행을 하는데, 이는 운항경험훈련 operating experience 으로써 (해당)항공기의 한정자격증을 취득한 수습조종사가 교관 기장과 동승해 정규 노선에서 노선비행 훈련을 실시하는 일종의 수습 비행이다.

　저자 역시 아시아나항공사의 훈련센터어서 훈련 상황을 점검하며 시뮬레이터에 탑승하였는데, 설정상 인천국제공항의 날씨가 악기상인 매우 불안한 상황에서도 조종사들은 그 동안의 축적된 전문지식과 비행계기를 활용하여 침착하게 훈련에 임하였다. 실제 조종사들은 시계가 매우 불량한 상황에서도 자신있게 착륙하는데, 이는 평상시의 반복되는 훈련을 통해 쌓아온 기량, 그리고 활주로의 정밀접근시설 및 비행계기의 정밀성에 대한 지식과 믿음이 있기 때문이다.

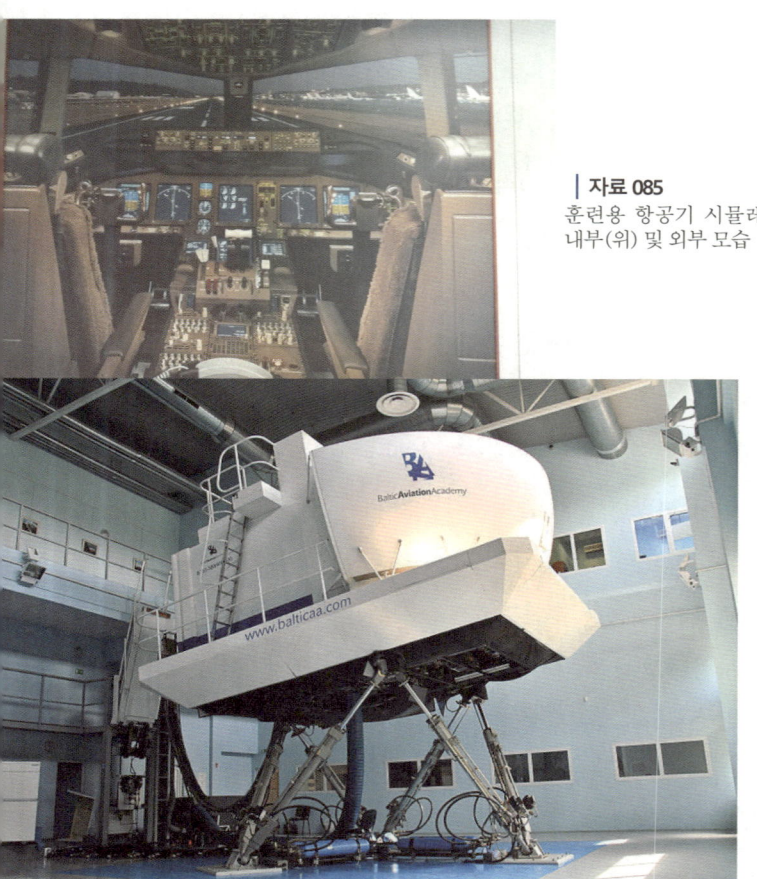

자료 085
훈련용 항공기 시뮬레이터의
내부(위) 및 외부 모습

운항자격 심사를 받다

　조종사는 국토교통부의 운항자격심사관으로부터 「운항자격심사업무규정」에 의거하여 자격심사를 받아야 한다. 심사는 동 규정의 25조인 지식심사, 26조인 기량심사의 순서로 진행된다. 심사에 임하는 조종사는 지역, 노선, 공항에 대한 조종사의 운항경험 충족여부와 국토교통부 장관이 인가한 훈련프로그램에 의거한 훈련 이수 여부, 그리고 기장 자격의 획득 및 유지 등 조종사로서 갖추어야 할 제반사항에 대해 평가받아야 한다.
　지식심사의 내용은 당해 항공기의 계통별 지식과 운항하고자 하는 지역, 노선, 공항에 대한 지식의 숙지 여부를 확인하는 것으로 ① 지형 및 최저안전고도, ②계절별 기상 특성, 기상, 통신 및 항공교통시설 업무와 절차, ③수색·구조절차, ④장거리항법절차가 포함된 항행안전시설 및 그 이용절차, ⑤인구밀집지역 및 항공교통량이 많은 상공의 비행경로에서 적용되는 비행절차, ⑥장애물이나 등화시설 접근을 위한 항행안전시설, ⑦목적지 공항의 혼잡지역과 도면, 항로절차, 목적지 상공, 도착 절차, 체공 절차 및 공항이 포함된 인가된 계기접근절차 등에 관련된 것이다.
　기량심사는 지식심사에 합격한 인원에 한하여 실시한다. 항공기나 모의 비행장치를 이용하여 실시할 수 있으며 심사시간은 심사표의 전 항목을 평가할 수 있는 시간이어야 한다.

3년마다 치루는 ICAO 항공영어 시험

항공사고는 잘 일어나지 않지만 간혹 조종사들의 실수로 발생하기도 하는데, 항공영어 능력 부족이 원인인 경우가 있다. 조종사는 관제사와 끊임없이 항공교통교신을 해야 하므로 국제선을 운항하는 조종사는 항공영어 구술능력증명을 보유하도록 하고 있다.

국제민간항공기구ICAO는 조종사와 관제사간 언어소통 능력 부족에 따른 항공사고의 예방을 위하여 항공영어 구술능력평가 제도를 2003년 3월에 도입하였다. 이에 따라 우리나라 역시 2006년 10월부터 항공영어 구술능력 증명업무를 실시하고 있다.

항공영어 구술능력은 발음, 문법, 어휘력, 유창성, 이해력, 응대능력을 종합하여 1 - 6등급으로 평가되고, 국제선 운항을 위해서는 4등급 이상이 필요하다. 유효기간은 4등급은 3년, 5등급은 6년, 6등급은 영구적이다. 이러한 영어시험은 조종사들에게 스트레스로 다가오는데, 국내의 조종사들은 대부분 4등급을 가지고있기 때문에 3년마다 시험을 치러야 하므로 결코 쉽지 않은 일이다.

| 자료 086
항공영어능력향상 워크샵 참석차 ICAO 관계자, 쿠웨이트 항공국장과 찍은 사진.
우측에서 두 번째가 필자이다.

3) 조종사의 신체검사와 피로도 관리

조종사에게 필수적인 신체검사

조종사들 사이에서는 '조종사는 짧게는 6개월, 길게는 1년 인생'이라는 말이 있다. 이게 무슨 말일까.

조종사들은 「항공안전법」에 의거하여 6개월 - 1년에 한번씩 정부가 지정한 의료기관의 항공 전문의사에게 호흡기, 순환기, 운동기, 정신계 등 14가지 범주 이하 80여개의 항목을 검사받은 후 제1종 신체검사기준에 적합하다는 항공신체검사증명을 받아야 한다. 이 증명서를 조종사들은 '화이트카드'라 하며, 운항 중에는 항상 지니고 다녀야 한다.

조종사는 감기, 몸살 등 일시적으로라도 몸에 이상이 생기면 비행업무에 투입되지 않으며, 항공신체검사를 통과하지 못할 정도로 신체 이상이 심할 경우 더이상 비행업무를 맡지 못하게 된다. 안경을 쓰거나 특정 약을 복용하고 있을 경우에는 별도로 표시하는데, 특히 안경은 하나가 파손될 것에 대비하여 반드시 두 개를 소지하도록 「항공안전법」으로 규정하고 있다. 대한항공과 아시아나항공의 경우 직속 의료기관을 운영하고 있으며, 다른 항공사들도 전국 50여개의 항공신체검사 지정 의료기관을 통해 소속 조종사들의 신체검사를 실시하고 있다. 신체검사의 기준은 별첨 참고자료인 「항공신체검사증명 등에 관한 규정」을 통해 볼 수 있다.[77]

특히 지난 2015년에 독일 저먼윙스Germanwings 항공사의 조종사가 정신질환으로 인한 자살비행을 한 이후에는 조종사의 신체검사에 더욱 신경쓰고 있다.[78]

---

77 318페이지 참고.
78 기장이 화장실을 가기 위해 자리를 잠시 비운 사이 정신질환을 앓고 있던 부기장이 조종실 문을 잠그고 알프스 산맥의 한 골짜기에 자신의 항공기를 추락시켰다. "저먼윙스 9525편 추락 사고", wikipedia, 2021년 12월 4일 접속,

안전운항을 위한 피로도 관리

조종사는 운항시 항상 긴장하며, 시차 역시 극복해야 한다. 자택에서 마음껏 음주를 할 수도 없고, 외국으로 자주 비행하기 때문에 가족과 친구들과 떨어져 한평생을 2평 남짓한 조종실에서 근무하다 보니 스트레스가 많은 편이다. 출근 시간도 일정하지 않아서 오전 3시에 출근하기도, 오후 9시에 출근하기도 한다.

저비용항공사LCC; Low - Cost Carrier의 경우 주로 동남아 노선이 많은데, 우리나라에서 오후 10시 이후에 출발할 경우 현지 공항에 오전 2 - 3시경에 도착하여 오전 5시가 되어야 호텔에 들어서며, 휴식 후에는 익일에 출발하는 항공기를 운항한다. 특히 야간비행은 깜깜한 밤에 계기판에 의존해서 비행하기 때문에 수면부족으로 인한 피로, 생체리듬의 변화 등으로 주간 비행보다 심적 부담이 더해진다.

그 때문에 조종사의 피로도 관리는 운항에 관한 다른 요소만큼이나 매우 중요하다. ICAO에서는 승무원 피로 누적으로 인한 항공사고를 예방하기 위해 과학적인 피로 관리방법을 통해 국제적인 기준을 정하고 있는데, 기존의 시간제한 방식 또는 피로위험관리시스템FRMS; Fatigue Risk Management System 운영 중 택일하거나 혼용하여 사용할 수 있도록 한다.

시간제한 방식이란 근무인원수, 근무시간대, 시차 등 다양한 피로요인을 미리 고려하여 비행시간(8시간 등) 등을 일률적으로 제한하는 것이다. 피로위험관리시스템 방식이란 시차, 생체리듬, 운항형태, 노선, 생활양식 등 다양한 피로 데이터를 장기간 수집·분석·지속 모니터링하면서 비행시간 등을 탄력적으로 제한하는 방식이다.

국적항공사의 피로도 관리 방식을 정리해보면 아래와 같다.

- 비행근무시간이 월간 100시간, 연간 1,000시간을 넘어서지 못하도록 하고 있다. 또한 기장 1명, 부기장 1명이 근무할 경우 최대승무시간은 8시간, 비행시간은 13시간으로 정해진다.
- 비행근무시간에 따른 최소 휴식시간을 보장하도록 하고 있다. 예를 들어 비행근무시간이 8시간 미만인 경우 10시간 이상 휴식하고, 8시간 이상 - 9시간 미만인 경우 11시간 이상 휴식하도록 하고 있다.
- 유럽행이나 미국행 등 기본 비행시간이 10시간 이상인 장거리운항의 경우에는 동승한 기장과 부기장이 절반씩 교대로 운항을 책임지게 된다.
- 해외로 운항한 조종사들은 충분히 휴식할 수 있도록 사우나, 헬스장 등이 갖춰진 4 - 5성급 호텔에서 묵도록 하는 경우가 많다.
- 제주항공사JEJU AIR의 경우 근무휴식시간과 교대 스케쥴 등을

점수화해 피로도를 관리하는 자체적인 피로도 관리시스템을 2016년도에 도입하였다. 이는 2013년 아시아나 항공의 샌프란시스코 공항 사고 이후 관심이 높아진 결과이다.[79] 또한 운항 승무원들이 스스로가 피로도를 감안하여 비행시간 조정을 회사 측에 요청할 수 있게 하는 '비행시간 조정 요청권'을 시행하고 있다.

조종사는 힘든 일정이 많지만, 비행 중 날이 좋으면 밤하늘에 보석처럼 박혀 빛나는 별들을 볼 수 있고, 머나먼 하늘 뒤편에 하얗게 무리를 이룬 은하계도 볼 수 있다. 조종사들은 높은 하늘에서 푸른 호수와 강을 가장 선명하게 볼 수 있기도 한다. 밤하늘을 비행하면서는 지상에서와는 다른 모습의 뇌우 구름과 도시 야경, 석양과 조양 장면을 감상할 때도 있다.

| 자료 087

장거리 비행 후 휴식을 취하는 조종사들. 조종사들은 안전 운항을 위해서라도 반드시 충분한 휴식을 취해야 한다.

---

79 착륙 과정에서 조종사의 집중력 저하에 따른 고도 오판으로 인하여 동체가 샌프란시스코 만의 방파제를 강타한 이후 큰 충격과 함께 착륙했다. 3명의 사망자가 발생했다. "아시아나항공 214편 착륙 사고", wikipedia, 2021년 12월 4일 접속,

운항 승무원들의 갈등을 예방하는 승무원 자원관리 프로그램

항공기는 기장과 부기장이 각 1명씩 1조가 되어 운항한다. 기장은 통상 4줄의 견장을, 부기장은 3줄의 견장을 착용한다. 조종실에는 오직 두 사람만이 있으므로 일반 사무실과 같은 자유로운 분위기는 아니다. 따라서 원만한 운항에는 기장과 부기장의 협업이 매우 중요하다. 만약 기장과 부기장간에 갈등이 생기면 안전에 매우 위해한 요인이 될 수 있기 때문이다.[80]

그 동안 발생한 크고 작은 비정상 운항사례와 사고를 분석한 결과 그 원인이 기계적 결함보다는 장비와 절차를 다루는 조종사 등 사람의 인적오류(human error)에 있다는 것을 알게 되었다. 사람이 저지르는 부주의, 태만, 독단에 의한 인적오류를 최소화하는 방법은 조종사와 항공관제사, 객실승무원들의 원활한 소통이다.

이러한 필요에 의해 도입된 것이 바로 승무원 자원관리CRM; cockpit resource management 프로그램이다. 승무원 자원관리란 조종실 내 승무원들이 협력의 필요성을 이해하고, 개별 승무원이 지니고 있는 능력의 한계, 조직의 성과를 향상시키기 위한 의사소통과 의사결정, 갈등관리 및 인적 오류 관리에 대한 지식과 기술을 교육하여 항공 안전과 직무 성과를 향상시키는데에 그 목적이 있다.

---

[80] 이와 관련된 대표적인 사례로 1994년에 발생한 대한항공의 사례가 있다. 캐나다인 기장과 한국인 부기장의 갈등이 원인이었다. "대한항공 2033편 활주로 이탈 사고", wikipedia, 2021년 12월 4일 접속,

조종사에 대한 음주단속

　우리나라의 조종사 음주단속 기준은 혈중 알코올 농도 0.02%이다. 조종사는 감기에 걸려도 의료팀에서 처방한 약 없이 마음대로 감기약을 먹지 못하듯, 음주에 관한 기준도 그만큼 높은 편이다.
　혈중 알코올 농도 0.02%를 초과하지 못하도록 하는 국가로는 영국, 호주, 독일, 스위스, 말레이시아 등이 있는데, 이는 농도가 0.02%에 도달했을 때 주의력, 시각기능, 추리력 등이 손상되어 조종 관련 수행능력에 심각한 장애가 발생, 활주로 접근 착륙 정확도가 떨어지는 등 전반적 수행능력이 저하된다는 연구결과가 적용된 것이다.
　조종사의 음주단속은 주로 항공기로 이어지는 탑승교 안에서 이뤄진다. 항공사 자체단속은 조종사 대기실에서 실시한다. 단속에 적발되면 3년 이상의 징역이나 3,000만원 이하의 벌금형을 받는다. 항공사 역시 국제항공사는 2,000만원, 국내항공사는 500만원의 벌금이 부과된다.
　에어부산Air Busan의 경우 국내 항공사 중 최초로 음주측정 전산시스템을 도입하여 모든 사업장에 적용하였다. 동 장비는 업무 수행 전에 개인정보를 인증한 후 음주측정을 실시한다. 기장을 비롯한 모든 항공종사자는 근무 전 필수적으로 자가측정을 마쳐야만 근무에 투입될 수 있다. 측정 결과가 기준치(0.02%)를 초과할 경우 관리자에게

해당 내용이 즉각 전송되어 음주자의 근무 현장 투입이 원천적으로 차단된다.[81]

4) 조종실의 풍경

100여개에 가까운 스위치

조종실은 대형기라도 5㎡정도의 좁은 공간에 비행검열관이나 훈련 중인 조종사를 위한 1 - 2개의 여분 좌석이 있다. 그리고 엔진추력 조절장치, 순항 중 자동으로 비행 상태를 유지해주는 자동조종장치 및 각종 보조날개 조작장치 등이 있고, 연료계, 속도계, 고도계, 기압계에 대한 방향표시기, 항공표시기 등 각종 계기판을 비롯하여 기상레이더, 무선 통신기, 공중충돌방지장치 등이 있다. 무려 100여개의 스위치가 이 작은 조종석을 에워싸고 있다.

조종실은 관계자 외에는 출입이나 견학을 금지하고, 조종실 문은 방탄·방폭 처리되어 내부에서 열어야 출입이 가능하다.

---

81 신은진, "하늘길도 음주 단속", 조선비즈, 2021년 12월 4일 접속,

조종실의 방풍창

조종실의 창문은 방풍창windshield이라고 한다. 방풍창은 말 그대로 빠른 속도로 앞으로 나아가는 항공기에 부딛히는 바람을 막을 수 있으며, 비나 눈 뿐만 아니라 날아가던 새가 부수고 들어오지 못하도록 설계되어있다. 또한 높은 고도로 비행할 때 조종사들이 자외선이나 우주방사선에 과다노출되는 것을 방지해주기도 한다. 활주로 위치와 활주로중심선 확인 등 외부를 확인하는 창문으로써의 기본적인 기능도 당연히 갖추고 있다.

방풍창은 항공기 내부와 외부 간 기압차를 견뎌내기 위해 가장 바깥쪽으로부터 강화유리 - 가열용 필름 - 강화유리 - 폴리비닐판 - 강화유리 순으로 튼튼하게 제작되며, 추운 날씨에도 얼지 않도록 전기열선을 통해 가열된다. 강화유리는 압력이 가해져도 충분히 견딜 수 있도록 고강도로 제작되며, 안팎 사이에 전류로 열을 전도하는 플라스틱 가열 필름막이 있다. 또한 유리들의 사이에는 특수접착제가 부착되어있어 공중에서 곧바로 파손될 염려는 없다.

이러한 방풍창이 매우 드물게 파손될 때도 있는데, 아래 사진과 같이 금이 거미줄처럼 가기 시작하면 조종사의 시야를 가릴 수 있기 때문에 곧바로 교체해야 한다. 하지만 완파되는 정도는 아니다.

| 자료 088
우박에 의해 파손된 방풍창

위 사진과 같이 방풍창이 파손되면 파손된 쪽의 조종석에서는 외부를 확인하기 어려워 원활한 조종을 위해 다른 조종사가 조종해야 하며, 만약 두 개의 방풍창이 모두 파손되면 그 때는 조종사가 비상상황을 선언한 후 조종실 옆쪽의 창문을 열고 머리를 내밀어 앞쪽을 보면서 인근의 공항에 신속히 착륙해야 한다.

방풍창이 파손되는 원인으로는 대형 조류와의 충돌, 우박, 방풍창을 창틀에 고정시키는 실리콘의 파손 등이 있지만 전 세계적으로 그리 자주 발생하지는 않는다.[82]

조종실의 모든 대화내용은 녹음된다

조종실에서 이루어진 모든 대화 내용은 녹음되어 CVR에 자동 기록된다. 조종실 내의 대화 내용은 운항중 발생한 사고의 원인 규명에 도움을 주며, 평상시에도 비행안전을 위한 중요한 참고자료로 활용되기 때문이다.

그러나 조종실 대화 녹음기록은 사고나 준사고 발생 상황이 아니면 극히 제한된 관계자만이 청취할 수 있으며, 어떠한 경우에도 내용을 문제삼거나 공개하지 않도록 하고 있다. 대외 보안 문제 및 기장

---

[82] 2006년에 우박에 의해 동체의 방풍창 및 레이더 덮개가 파손된 국내 사건이 있었다. 조사 결과 비구름을 발견했음에도 회피비행 등의 조치를 취하지 않은 조종사의 과실이 발견되었다. 170여명의 초등학생을 포함한 200여명의 승객이 탑승중이었으나 전원 생존했다. 윤진섭, "아시아나항공 낙뢰사고, 조종사 과실 컸다", 이데일리, 2021년 12월 4일 접속,

| 자료 089 조종실 내부 모습

과 부기장이 지루함이나 졸음 방지를 위해 주고받는 사적인 대화도 있는 만큼 이들의 사생활을 보호하기 위함이기도 하다.

2. 항공교통관제사

하늘의 교통경찰, 항공교통관제사

우리나라의 공역에서는 하루에도 수천대의 항공기가 운항중인데, 이 중 단 1대가 일탈하여 항로를 벗어나기만 해도 엄청난 사고로 직결될 수 있다. 따라서 이를 방지해주는 항공교통관제사의 역할이 필수적이다.

항공교통관제사(관제사)air traffic controller는 비행중인 항공기간 충돌을 방지하고 항공교통흐름(air traffic flow)을 촉진시키는 등 항공교통의 질서를 유지한다. 관제사는 레이더로 실시간 파악되는 항공기의 위치, 비행 방향, 고도, 속도 등을 무선통신을 이용하여 조종사에게 지정해주거나 변경하도록 지시하고, 악기상 상태에서의 항공기 운항을 통제하고, 활주로 이착륙허가를 발부하는 등 「항공안전법」에 따라 항공기의 비행안전을 확보하기 위해 필요한 여러 조치를 담당한다. 그래서 관제사를 하늘의 경찰이라고도 한다.

군용기의 조종사 역시 민간공항이나 민간이 운영하는 공역 내에서 비행할 때는 민간관제사의 관제지시를 이행해야 하고, 역으로 민간항공기가 군비행장이나 군이 운영하는 공역 내에서 비행할 때에는 군관제사의 지시를 따라야 한다. 관제업무의 성격이 이렇다보니 관제업무에는 「항공안전법」에 근거한 일정 수준의 법적 강제성이 부여되어있고, 관제사도 대부분 국토교통부 소속 공무원이거나 국방부 소속의 군인 신분이다.

외국 항공기의 조종사 역시 우리나라가 관할하는 공항이나 공역 내에서 비행중일 때에는 우리나라 관제사의 관제지시를 따라야 하며, 불이행시 예외없이 처벌 대상이 된다. 그 반대의 경우도 마찬가지이다.

| 자료 090 공항 관제탑의 내부 모습

관제지시 불이행은 처벌이다

　관제탑에서는 항공기가 관제권에 진입하면 공항상태, 기상상태, 다른 항공기들의 비행 위치·고도·속도 등을 종합적으로 고려하여 해당 항공기가 비행 방향, 고도, 속도 등을 조절하도록 수시로 조종사에게 관제지시를 하며, 도착 항공기가 여러대 있으면 각 항공기의 공항접근순서를 정하는 등의 업무를 수행한다. 이 과정에서 적지 않은 수의 조종사들이 관제지시 불이행을 이유로 크고 작은 처분을 받고 있다. 이는 지상의 도로에서 운전자들이 교통단속에 적발되는 것과 비슷하다.

　만약 모든 조종사들이 각자의 판단에 따라 서로 먼저 이착륙을 시도한다면 비행중인 조종사간의 의사소통이 어려운 상태에서 질서가 없어져 활주로 주변에 있는 다른 항공기의 존재여부나 항공기간 안전간격을 유지할 수 없고, 서로 부딪히거나 뒤엉켜 큰 사고가 발생할 것이다. 더구나 요즈음에는 항공기의 속도가 굉장히 빨라져 만약 조종사가 동일한 고도로 정면으로 접근하는 다른 항공기를 눈으로 발견하더라도 충돌을 회피할 여유가 거의 없게 된다. 이것을 방지하는 것이 관제사의 역할이다.

관제사의 자격심사와 훈련

관제사가 관제탑이나 접근관제소에서 관제업무를 수행하기 위해서는 해당 관제시설의 항공교통관제업무한정 Air Traffic Control Rating이라는 자격을 취득해야 한다.

항공교통관제업무한정은 필요로 하는 한정의 종류가 공항별로 다르다. 예를 들어 인천국제공항의 관제탑에서 근무하기 위해서는 비행장관제한정을, 서울접근관제소에서 근무하기 위해서는 접근관제감시 및 접근관제절차한정 자격을 얻어야 한다.

신임 관제사가 관제탑이나 접근관제소 등의 관제시설에 배치되면 우선 60시간 이상의 초기교육훈련을 이수해야 한다. 주요 교육내용은 항공관련 법규, 해당시설의 장비 재원, 지역적 기상 특성, 취항 항공기종별 특성 등이다.

다음으로, 서울접근관제소에 배치된 관제사는 레이더를 보지 않는 접근관제절차관제(비 레이더 관제) 430시간, 접근관제감시관제(레이더 관제) 740시간 이상을 훈련받아야 하며, 인천관제탑으로 배치된 관제사는 400시간 이상의 훈련을 받아야만 관제업무한정 시험에 응시할 수 있는 자격이 부여된다.

이 밖에 항공교통업무의 중단이나 철수, 화산재구름, 핵 비상, 국가안보대응 등으로 공역이 불안전한 상황 등의 우발사태에 대비하여 분기별 1회 이상 훈련을 실시하며, 항공기 피랍, 사고 시의 수색·구조 지원 등의 훈련도 지속적으로 이수하여야 한다.

관제사도 조종사와 마찬가지로 음주단속의 대상이 되며, 기준은 조종사와 같이 0.02%이다. 영어시험 역시 조종사와 마찬가지로 시험에 응해 4등급 이상을 유지해야 한다.

항공교통관제사의 근무형태와 피로도 관리

관제사는 언제나 레이더 앞에 앉아 이착륙하는 항공기와 끊임없이 교신한다. 이착륙대기, 항공기간 간격 및 고도의 분리 등을 관제하고, 항공기가 정확한 항로와 속도로 운항하도록 한 치의 오차도 없이 지시해야 한다. 자칫 잘못하면 수백 명의 생명이 위협받을 수 있으므로 항상 긴장하며 근무하게 된다.

관제사는 다른 직종에 비하여 강도 높은 피로와 스트레스를 호소한다고 지적한다. 기상상황 등에 따라 돌발 상황이 발생할 수 있는데다, 항공기 충돌 위험 상황에서는 실제 사고에 버금가는 스트레스를 받는다고 한다. 관제사들은 가장 피곤하고 부담되는 근무시간대로 야간을 꼽는데, 야간 근무를 하면 신체리듬이 깨져 피로도와 스트레스가 누적되기 쉬워 업무효율이 저하되고, 이는 안전사고로 직결될 수 있기 때문이다.

따라서 관제사 역시 조종사와 마찬가지로 장시간 근무를 하지 못하도록 피로도를 관리하고 있다. 우리나라는 관제사의 주당 근무시간을 40시간으로 정하고 있으며, 충분한 휴식을 보장하고 있다.

❖ 관제사의 스트레스

그날 밤 나는 관제탑 야근이었기 때문에 팀장님과 관제탑에서 대기를 하고 있었다. 그 때 울리던 전화벨소리, 항공교통센터와 연결된 직통전화였다. 수화기 너머로 인천컨트롤의 관제사는 나에게 항공기 한 대가 우리 공항으로 회항하고 있다고 얘기했다. 평소에도 자주 푸동공항이나 인천공항이 날씨가 좋지 않을 때면 회항하는 일이 잦았기 때문에 또 그런 일이겠거니 하던 나는 전화를 받으며 레이더 화면으로 항공기의 위치를 찾던 중 내 눈을 의심하지 않을 수 없었다. 항공기가 비상상황에 처해있음을 나타내는 숫자 7700이 화면에 전시되고 있었기 때문이었다. 인천컨트롤의 관제사는 다급한 목소리로 자신들도 항공기와 정확히 교신이 이루어지지 않고 있고, 우리공항으로 회항한다는 것 같다는 얘기를 했다. 잠시 뒤 관제탑에 있던 나와 팀장님이 할 수 있었던 건 비상상황절차에 따른 행동과 연락, 그리고 무사히 도착하길 바라는 것뿐이었다.
접근관제소의 관제사가 몇 번의 맹목방송, 그리고 우리 공항으로 유도지시를 내렸지만 그 항공기는 우리공항까지 도착하지 못했다. 직접 관제를 했던 접근관제소의 후배 관제사는 큰 충격으로 며칠간 근무를 쉬어야하기도 했다.
예기치 못한 일들이 우리 주위서 일어난다. 내가 맡고 있는 역할이 중요하다는 걸 새삼 깨닫게 되었고, 어떤 상황이 벌어지더라도 냉철하고 신속히 판단하고 상황에 적절하게 대처할 수 있는 능력을 평소에 길러놔야 하겠다.[83]

관제사의 영어실력

앞서 언급했듯이 국제공항업무에 종사하고자 하는 관제사 역시 조종사와 마찬가지로 ICAO 규정에 따라 항공영어구술능력평가 4등급 이상을 반드시 소지하여야 한다. 유효기간은 조종사의 등급과 동일하게 4등급은 3년, 5등급은 6년, 6등급은 영구적이다.

2006년 10월부터 법제화된 동 평가는 조종사와 관제사간의 의사소통능력 부족으로 인한 항공사고 예방을 위하여 표준관제통신용어의 필수적 사용과 일정 수준 이상의 언어능력을 갖추고 있는지를 평가한다.

---

83 부산지방항공청,『우리들이야기』, 부산지방항공청, 2012

관제사들이 항공기를 관제할 때 적용하는 규정이나 절차는 ICAO에서 제정한 국제표준과 권고 및 절차에 따라 전 세계 모든 국가에 영어로 수립되어있고, 관제사는 어느 국가 소속의 항공기를 관제하더라도 영어로 된 관제절차와 용어를 사용해야 한다.

따라서 모든 관제사는 조종사와 같이 ICAO에서 정한 영어구술능력 1등급(최하위) - 6등급(원어민 수준) 중 4등급 이상을 보유하도록 정해져 있다. 그 결과 조종사가 세계 어느 나라를 비행하더라도 그 나라 소속 관제사와 영어로 통신할 수 있다. 하지만, 비록 같은 영어라도 국가나 지역별 억양이나 발음 차이로 인하여 의사 소통에 고생하는 조종사나 관제사들도 다소 있다.

국제노선의 조종사는 착륙 순간까지 몇 명의 관제사와 교신할까?

국제노선의 조종사는 이륙 전부터 착륙 순간까지 많은 관제사와 교신한다. 예컨대 인천국제공항에서 영국으로 운항하는 여객기의 조종사는 과연 몇 명의 관제사와 교신할까.

우선 국내에서는 인천관제탑 지상관제사, 인천관제탑 비행장관제사, 서울접근관제소 출발관제사, 인천항공교통관제소 인천북부섹터 관제사와 차례로 교신해야 한다. 그 다음 중국 등 영공을 통과하는 모든 국가의 항공교통관제기관 관제사와 교신해야 한다. 영국 공역에 진입한 이후에도 지역관제소, 접근관제소, 공항관제탑의 관제사와 교신해야 하니 족히 20명은 된다. 이처럼 다양한 국적의 관제사들과 완벽히 교신해야하기 때문에 조종사와 관제사의 영어능력은 매우 중요하다.

관제탑의 장비

주지하다시피 공항의 관제탑은 항공기의 안전에 있어서 가장 중요한 역할을 하는 곳이다. 그러면 관제탑의 내부에는 무슨 장비가 있으며 어떠한 안전활동을 할까.

우선 장비를 살펴보면, 공항 주변의 비행상황을 모니터하고 조종사와 관제사간 음성통신이나 문자통신 등을 하기 위한 장비, 그리고 기상장비와 활주로 주변 항행시설의 작동상태 등을 모니터링하는 장비가 가장 중요한 역할을 하고 있다.

비상착륙, 화재 등의 위급상황 발생시 소방차와 구급차를 긴급출동시키기 위한 비상충돌스위치도 설치되어있다. 관제사가 이 스위치를 작동시키면 비상상황이 발생한 항공기가 착륙하기 전에 소방차와 구급차가 미리 활주로 부근으로 출동하여 대기할 수 있다.

또한 활주로, 유도로, 착륙비행로 인근 등에 설치된 각종 공항등화시설을 키고 끄거나 밝기를 조절할 수 있는 항공등화시설 조정장치, 활주로 끝 부분 등 관제사의 육안으로 보기 어려운 원거리를 보거나 이착륙하는 항공기의 상태를 관찰하는데에 사용되는 쌍안경도 비치되어있다.

빛총light gun은 항공기의 무선통신장비가 고장난 경우 조종사에게 관제지시를 전달하기 위해 사용되는 비상통신 장비로, 무선통신장비가 고장난 항공기의 조종사는 이착륙시 계속 관제탑을 바라보고 있다가 관제탑에서 보내는 적색·녹색·백색의 빛총 신호에 따라 각각 착륙·복행·이륙·정지 등을 해야 한다. 또한 이에 대한 응답으로 조종사는 기체를 흔들거나, 착륙등을 깜박이거나, (지상에서는) 방향타를 움직인다.

3. 객실 승무원

객실 승무원은 안전요원인가, 서비스 요원인가

객실 승무원은 언제나 미소와 함께 승객을 응대하며, 식사나 침구류 등 각종 서비스를 제공해주는 고마운 존재이다. 그래서 일부 승객은 객실승무원을 서비스 요원으로 여길 수 있는데, 이는 사실 잘못된 생각이다.

객실 승무원의 주 임무는 서비스 제공이 아닌 승객의 안전을 지키는 것이다. 「항공안전법」 제2조의 제17호에서 정의하고 있는 객실승무원은 '항공기에 탑승하여 비상시에 승객을 탈출시키는 등 안전업무를 수행하는 승무원'이다.

항공사에서는 객실 승무원들에게 탑승 전 기내에 화재가 발생하면 어떻게 대처할지, 항공기가 바다에 불시착하면 어떻게 대처할지 등의 질문을 던지고 답변하는 과정이 진행된다. 외국계 항공사의 경우에도 사무장이 승무원들에게 안전에 관한 질문을 최소 4개씩 던지며 항공기 기종에 따른 장비 사용법, 안전장비 사용법, 긴급 상황 시 대처법 등을 질문한다. 이 질문에 즉시 답하지 못하면 그 승무원은 그날의 비행에서 배제된다. 이를 위해 비상착륙 관련 메뉴얼을 매일 공부하여 숙지하는 것이 승무원이 비행 전 가장 먼저 해야 할 일이며, 비상사태가 발생할 경우 80초 이내에 승객을 탈출시켜야 한다.

승무원 비상탈출 메뉴얼의 얼개는 다음과 같다.

① 승객들이 모두 빠져나간 뒤 기내에 화장실 등에 잔류자가 있는지 확인하고 탈출한다.
② 비상상황을 전파하는 목소리 크기가 110dB을 넘어야 한다.
③ 비상착륙시에는 구명조끼 사용방법을 시연하고 탈출 직전 승객들에게 문 앞에서 부풀리도록 한다.
④ 탈출하는 승객들에게 방해가 될만한 물건들은 모두 제자리에

놓도록 한다. 휴대하고 있는 개인물품은 모두 가방 속에 넣도록 한다.

아시아나항공의 샌프란시스코 공항 사고의 경우 승무원이 위 메뉴얼을 완벽히 숙지하여 위급상황에 대처한 결과 대형 사고를 막았다는 평가가 있다.[84]

필자 역시 국토교통부에 재직할 시절에 객실 승무원은 안전요원이라는 내용의 기내방송을 내보내도록 항공사에 지시한 바 있다.[85]

객실 승무원의 자격심사와 훈련

아시아나항공의 샌프란시스코공항 사건에서 본 바와 같이, 비상시 객실 승무원의 빠른 판단과 대처는 매우 중요하다. 이 사건의 경우 기체가 방파제를 강타하고 활주로에 거칠게 착륙했기때문에, 평소에 객실 승무원이 비상시 대응요령을 숙지하지 않았더라면 더 많은 희생자가 있었을 것이다.

객실 승무원은 비상시에 대비하여 비상장치 활용, 비상구 접근, 비상시 승객들의 비상탈출구 접근이 방해받지 않도록 하는 등 운항

---

[84] 233페이지 참고.
[85] 조현아 전 대한항공 부사장의 회항지시 사건과 가수 바비킴의 기내 소란행위 사건 이후 국토교통부 차원에서 관련 조치를 실시했다. 김윤구, "'항공 승무원은 안전요원' 기내방송 내보낸다", 연합뉴스, 2021년 12월 4일 접속,

기술기준에 정해진 훈련을 받아야 한다. 승무원의 훈련은 정기훈련, 기초훈련, 재(再)자격훈련이 있다.

그리고 객실 승무원은 항공당국으로부터 인가받은 훈련 프로그램에 따라 연간 1회씩 지식과 기량을 심사받아야 하고 이를 통과하지 못하면 승무할 수 없다. 객실승무원의 교육훈련은 다음과 같다.

- 항공기 비상시, 또는 비상탈출이 요구되는 경우의 조치사항
- 해당 항공기에 구비되는 구급용구, 탈출대escape slide, 비상구, 산소장비, 자동심장충격기automatic external defibrillator의 사용에 관한 사항
- 평균해면으로부터 3,000m 이상의 고도로 운항하는 항공기에서 근무하는 경우, 항공기 내 산소결핍이 미치는 영향과 여압장치가 장착된 항공기에서의 객실 압력손실로 인한 생리적 현상에 관한 사항
- 위험물취급의 절차 및 방법에 관한 사항
- 비상시 승무원 각자의 임무 및 다른 승무원의 임무에 관한 사항
- 운항 승무원과 객실 승무원 간의 협조사항을 포함한 객실의 안전을 위한 인적요소human factor에 관한 사항

| 자료 091
객실 승무원의
비상탈출 안전훈련 모습

객실 승무원의 근무형태와 피로도 관리

앞서 제6장에서 기술한 바와 같이 항공기가 이륙하기 전 객실승무원은 사무장 주관 하에 임무 분담, 용모 및 휴대품 점검, 유의사항 및 신규업무지식 등에 관한 지시사항을 전달받는다. 이후 기장의 주관 하에 목적지, 비행시간, 항로, 기상조건, 기타 유의사항 등에 대해 합동브리핑을 받은 후 항공기 출발 1시간 전에 탑승하여 비상장비와 기내 시설의 이상유무, 비행중 필요한 기내용품의 수량 및 탑재여부, 기내의 청결상태 등을 포함한 객실 서비스에 관한 제반 사항을 확인하여 이상이 없도록 준비해야 한다.

기내의 모든 준비가 완료되면 사무장의 지시에 따라 승객의 탑승을 돕고, 탑승이 완료되면 안전벨트, 구명복, 산소마스크, 비상탈출구 이용법에 대한 시범을 보인다.

항공기가 이륙하기까지 많은 준비를 해야 하는 객실승무원 역시 조종사와 같이 피로도를 관리하고 있다. 대개 소형 항공기의 경우 4명이 근무를 하는데 비행근무시간이 14시간을 넘지 못하도록 하고, 10시간 이상 휴식을 취하도록 하고 있다.

비행근무시간 및 휴식시간 기준은 다음과 같다.

객실승무원 수	비행근무시간	휴식시간
최소 객실승무원 수	14시간	10시간
최소 객실승무원 수에 1명 추가	16시간	14시간
최소 객실승무원 수에 2명 추가	18시간	14시간
최소 객실승무원 수에 3명 추가	20시간	14시간

| 자료 092
객실승무원의 비행근무시간과 휴식시간

항공기에는 일반적으로 승객 50명 당 1명의 객실 승무원이 배치된다. B737과 같은 소형기의 경우 180여거의 좌석이 있고 4명의 객실 승무원이 배치된다. B747 기종에는 400개 이상의 좌석이 있고 9명 정도가 배치된다.

4. 항공정비사

정비사의 확인 없이는 이륙도 없다

항공정비사의 역할은 매우 중요하다. 항공정비사의 확인이 없으면 항공기를 띄울 수 없다.

「항공법」상 항공정비사의 책무는 항공기가 기술적 안전기준에 적합한지를 확인하여 감항성이 있는 상태에 있음을 보증하는 것이다. 감항성堪航性; airworthiness이란 항공기가 예상되는 비행 조건 하에서 안전한 비행을 할 수 있는 능력을 뜻하며, 일본의 경우 내공성耐空性, 중국은 적항성適航性이라는 용어를 사용한다.

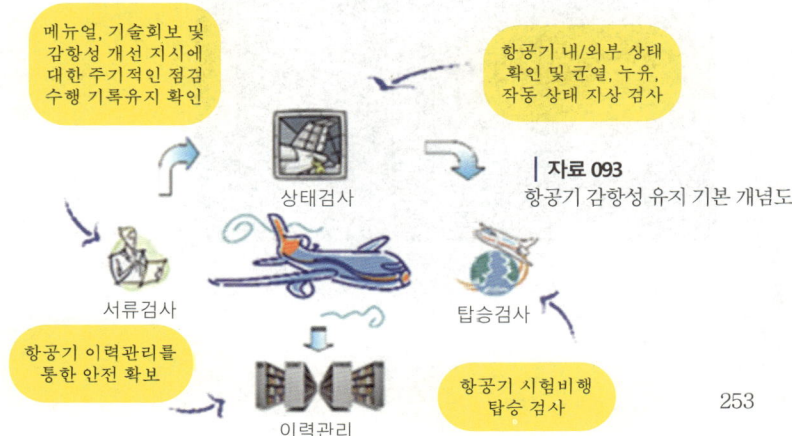

자료 093
항공기 감항성 유지 기본 개념도

정비사의 경우 정비사 자격을 취득하고 입사한 후라도 실질적인 정비업무를 하려면 회사에서 실시하는 기종별 정비교육을 받은 후 부여되는 자격증을 취득해야 한다. 항공기에 이상이 없음을 확인하고 운항을 최종 승인하는 정비사를 확인정비사라 하는데, 대개 10년 이상의 경력을 가져야 한다. 항공기가 운항을 개시하기 위해서는 유자격 확인정비사의 최종확인 및 서명이 필요하다.

　승객들은 종종 항공기가 탑승 램프에서 이동할 때 기체 가까이에서 손을 흔드는 사람을 본 적이 있을 것이다. 그들이 바로 정비사들이다. 항공기가 무탈히 이륙하여 목적지 공항에 착륙하기를 기도하는 심정으로 승무원들과 승객들에게 손을 흔들어 인사한다.

　항공정비사는 주·야간 교대로 공항의 넓은 개활지에서 근무를 하므로 다소 힘겹다. 겨울에는 도심지역보다 바람이 훨씬 차갑고 손이 냉해져 작업이 쉽지 않으며, 여름에는 매우 더워서 열기가 상당하므로 마찬가지로 힘들다. 또한 정비시 화학물질을 많이 사용하므로 위험성 역시 안고 있다.

| 자료 094
정비사가 바퀴를 점검하는 모습

5. 운항관리사

비행과정을 실시간 모니터링하는 지상의 조종요원

　운항관리사는 항공기 이륙 72시간 전부터 운항을 준비한다. 날씨는 물론 화산폭발, 지진 등 취항지역의 재난상황을 확인하고, 이륙 3-4시간 전부터는 안전한 비행에 필요한 연료소비량 등 모든 자료를 종합적으로 검토하여 체계적인 비행계획서를 작성한다. 비행계획서가 작성되어 기장과 운항관리사가 동 내용에 합의하면 비행이 개시된다.

　비행이 개시된 이후에는 항공기의 운항에 대한 모니터링을 시작한다. 관제통신주파수를 청취하여 비행진행사항에 관한 정보를 얻기도 하고, 필요시에는 항공사의 통신망(company radio)을 통해 조종사와 직접 교신하기도 한다. 또한 공항의 관제내용을 청취할 수 있는 장비도 있다. 만약 고도, 속도, 연료량 등 여러 계획된 조건이 실제 비행상황과 차이를 보여 모니터 상으로 자동경보가 발령되면, 원인을 파악하고 안전운항에 이상이 없는지를 확인한다. 기장은 비행을 마친 후 비행 저해요소 등 비행 중 발생한 중요 정보를 운항관리사에게 설명하는데 이를 디브리핑debriefing이라 한다.

　근무는 주로 1일 3교대나 주·야간 교대로 이루어지며, 근무 장소는 항공사의 운항통제본부이다. 따라서 운항통제본부를 '잠들지 않는 지상조종실'이라고도 한다.

대한항공의 경우 종합통제센터를 통한 철저한 운항통제로 안전운항을 강화하고 있다. 동 센터에는 세계지도가 펼쳐진 위로 운항 중인 모든 항공기의 레이더 항적을 1분 간격으로 표시하는 80인치의 대형 스크린 화면이 있는데 이를 비행감시화면ASD; Aircraft Situation Display이라고 한다. 비행감시화면에는 비행기 그림 아래에 항공편명과 고도가 숫자로 표시되며, 수십개의 항로가 노란색 점선으로, 구름위치·제트기류·한랭전선 등 기상정보가 기호형태로 빼곡하게 그려져있다.[86]

항공기가 활주로에 안착하기까지는 이처럼 보이지 않는 곳에서 모니터를 응시하며 여러 노력을 기울이는 운항관리사가 있다.

악천후시의 운항여부 결정

악천후일 때 항공기의 정상운항 여부를 결정하는데에 있어서 중요한 것은 노선이다. 중·장거리의 경우 비행시간 동안 일어나는 기상변화를 예측하기가 쉽지 않다. 그때문에 특정 기상현상이 1 - 2일에 걸쳐 비행에 영향을 미치지 않는다면 운항을 진행한다.

그러나 단거리 비행이거나 국내선일 경우 이륙 당시의 기상이 어

---

86 전예진, "안전운항 파수꾼 '대한항공 종합통제센터' 가보니…80인치 스크린에 항공기 상태 실시간 추적", 한국경제신문, 2021년 12월 4일 접속,

떤가에 따라 운항 여부를 결정한다. 이 결정을 운항관리사가 하는데, 해당 공항의 날씨가 포함된 모든 누적 기상 데이터를 바탕으로 최종 결정하게 된다.[87]

| 자료 095 ▶▼
항공 운항통제본부의 내부 전경

87 김민소, "비행기의 운항을 결정하는 날씨", 기상청(블로그), 2021년 12월 4일 접속,

제 5편
안전한 하늘길을 위하여

제 10 장
항공사고는 어떻게 예방하는가

1. 항공사고를 예방하는 사람들

1) 전세계의 항공 전문가가 모인 국제민간항공기구(ICAO)

항공사고는 특성상 여러 국가의 이해관계가 얽히게되기 때문에 항공 산업이 태동하던 시기부터 항공안전에 대한 논의가 이루어져 왔다.

몽골피에 형제Montgolfier Brothers의 풍선 열기구 비행이 1783년에 성공한 이후 유럽 전역에 열기구의 제작과 비행 열풍이 확산되었다. 열기구 비행이 유행함에 따라 유럽의 국가들뿐 아니라 국제적으로 이에 대한 규제의 필요성이 대두되었으며, 1880년에는 국제법협회에서 의제로 채택되었다. 이는 1889년에 파리에서 최초로 국제항공회의가 개최되는 계기가 되었다.

1918년에는 파리조약에서 항공안전에 대한 국제적인 조약이 체결되었고, 1944년에 미국 시카고에서 열린 연합국 국제민간항공회의에서 국제 민간항공 규정을 중심으로 영공에 관한 국가의 배타적 주권, 항공기의 종류·자격·소속·지위 등을 제정하는 이른바 '시카고 협약'이 체결되었다. 그리고 이를 바탕으로 1947년 4월 4일에 UN 산하 전문기구로써 마침내 국제민간항공기구ICAO; International Civil Aviation Organization가 설립되었다. ICAO는 캐나다의 몬트리올에 본부가 있으며 전 세계 191개국이 가입되어있다. 총회와 이사회를 비롯하여 항공운송위원회, 법률위원회, 항행위원회, 지역항공회의와 지역사무소가 있다. 총회는 매 3년마다 1회 이상 개최되며, 이사회는 총회에서 선출된 36개국 대표로 구성된다. 우리나라는 1952년에 가입했다.

ICAO의 설립 목적은 세계 민간항공의 안전하고 정연한 발전을 도모하며 항공기의 설계와 운송기술을 장려하는 등 국제항공의 원칙과 기술을 발달시키는 것이다. 실질적인 주요임무는 항공기 사고의 원인 분석을 통한 국제적 항공안전 기준을 수립하고, 각 나라의 항공안전관리실태를 점검하여 개선방안을 마련하는 것이다.

| 자료 096
저자가 항공종사자 교육훈련 프로그램 협의차 방문한 캐나다 몬트리올의 ICAO 회의실과 본부 건물(우측)

2) ICAO에서 수립된 국제적 항공안전기준

ICAO는 항공사고의 원인과 예방대책을 마련하고, 이를 국제적으로 적용할 안전기준을 부속서annex에 명시하여 관리하고 있다. 항공종사자 자격, 기상, 운항, 보안, 위험물 운송 등 총 19개의 분야별 안전기준이 담겨있으며 전체 조항수는 1만여 개에 달한다.

ICAO 부속서의 안전기준은 국제민간항공조약의 기본정신과 조약 제37호(국제표준 및 절차의 채택)에 의거하여 제정된 것으로, 모든 체약국이 각 부속서에서 정한 기준을 준수하도록 의무화하고 있다. 총 19개의 부속서가 있으며, 편의상 '시카고 부속서'로 칭하기도 한다.

부속서의 내용은 적용상의 강제성에 따라 국제표준, 권고사항, 선택사항으로 구성되어있다. 국제표준Standards은 모든 체약국이 의무적으로 적용해야 하는 사항이며, 권고사항Recommended Practices은 자국에 적용하는 다른 대안이 있는 경우를 제외하고는 가능한 한 따르도록 권고되는 사항이다. 선택사항Option은 체약국이 임의로 선택 여부를 결정할 수 있는 사항이다.

참고로 19개의 부속서 내용은 다음과 같다.

부속서	주요내용
1	종사자자격증명(Personnel Licences)
2	항공규칙(Rules of the Air)
3	국제항공항행을 위한 기상서비스 (Meteorological Service for International Air Navigation)
4	항공지도(Aeronautical Charts)
5	공중 및 지상운항도표에 사용되는 측정단위 (Units of Measurement to be Used in Air and Ground Operations)
6	항공기 운항(Operation of Aircraft)
7	항공기 국적과 등록부호 (Aircraft Nationality and Registration Marks)
8	항공기 감항성(Airworthiness of Aircraft)
9	출입국간소화(Facilitation of international air transport)
10	항공통신(Aeronautical telecommunication)
11	항공관제서비스(Air Traffic Services)
12	수색 및 구조(Search and Rescue)
13	항공기 사고 및 준사고 조사 (Aircraft Accident and Incident Investigation)
14	공항(Aerodromes)
15	항공정보서비스(Aeronautical Information Services)
16	환경보호(Environmental Protection) Volume I: Aircraft Noise Volume II: Aircraft Engine Emissions
17	보안(Security)
18	위험물 항공안전운송 (The Safe Transport of Dangerous Goods by Air)
19	항공안전관리(Safety Management)

| 자료 097 19개의 ICAO 부속서

국내법과 국제법의 효력

　국제적으로 승인한 국제법규는 국내법과 동일한 효력을 지닌다. 따라서 시카고 협약 체약국은 시카고 부속서에서 정하는 표준 및 권고 방식SARPs; Standards and Recommended Practices을 따라야 한다. 우리나라는 물론 전 세계 체약국들은 이 시카고 협약 및 부속서에서 정한 표준·권고방식의 합당한 이행을 위하여 자국의 항공법규에 관련 항공기준을 반영하여 적용해야 한다. 부속서에서 국제표준으로 설정한 기준이 있는 경우 체약국은 이를 필수적으로 준수하여야 하며, 불가피하게 체약국의 기준이 ICAO에서 정한 표준과 다른 경우에는 즉시 ICAO에 통보하여야 한다.

　시카고 협약과 국내 항공법과의 관계를 살펴보면, 「유엔 헌장 Charter of the United Nations」 제16장 103조에서는 '어느 조약도 유엔헌장을 우선할 수 없다'고 규정하고 있다. 즉 유엔 헌장, 시카고 조약, 그리고 국내법의 3가지 조약 중 유엔 헌장이 우선하고, 조약과 국내법은 동등한 지위에 있는 것으로 해석된다. 「헌법」 제6조 제1항은 '헌법에 의하여 체결·공포된 조약과 일반적으로 승인된 국제법규는 국내법과 같은 효력을 가진다'라고 규정하고 있어 시카고 협약상의 내용이 국내법과 동등한 지위에 있는 것으로 해석되는 것이다.[88]

---

[88] 이구희, 「국내외 항공안전관련 기준에 관한 비교연구」, 한국항공대학교 대학원, 2015

다음은 「유엔 헌장」 제 103조의 원문이다.

▶ Article 103
> In the event of a conflict between the obligations of the Members of the United Nations under the present Charter and their obligations under any other international agreement, their obligations under the present Charter shall prevail.

참고로 항공보안에 관한 국제협약인 도쿄협약의[89] 제 2장에는 기내에서 벌어진 범법행위의 관할권은 등록국이 행사할 수 있다고 명시되어있어, 기내는 운항 항공사의 국가영토로 간주한다고 생각할 수 있다.

3) ICAO가 실시하는 체약국의 항공안전도 평가

ICAO는 부속서에서 규정한 항공안전기준을 각 체약국이 잘 이행하고 있는지 실태를 점검하기 위한 항공안전평가프로그램 USOAP; Universal Safety Oversight Audit Programme을 1995년에 마련하여 전 회원국에

---

[89] 기내 난동상황에 관한 협약. 1963년에 일본 도쿄에서 체결되었다.

실시하고 있다. USOAP은 각 국가들이 자국 소속 항공사, 관제기관, 공항운영자 등에 대한 안전감독을 ICAO에서 정한 국제표준, 권고, 지침 등의 기준에 따라 제대로 이행하고 있는지 직접 평가하는 프로그램이다. 즉 체약국이 자국 소속 항공사, 공항운영자, 관제기관 등을 안전 감독하고, ICAO는 이런 국가를 평가하는 것이다.

평가는 ICAO 웹사이트를 통한 on-line 상시 모니터링 방식으로 수행함을 원칙으로 하나, 필요시 평가관이 직접 해당 국가를 방문하여 확인하기도 한다. on-line 평가시 각 국가는 모든 질문항목에 대한 답변을 웹사이트 상의 답변서에 정확하게 입력해야 한다. ICAO는 이 평가를 위해 해당 국가의 제출자료, 산업동향, 사고발생률, ICAO 정보요구서 답변, 다양한 위험지표risk indicators 등을 활용하여 해당 국가의 항공안전 실태를 감독하고 있다.

그 동안 본 프로그램으로 인하여 각 국가들이 자국 내 항공시스템을 체계적으로 개선함에 따라 전 세계적으로 항공사고율이 낮아지고 ICAO 기준 이행율이 향상되었으며 항공안전에 대한 인식을 재고하는데 크게 기여한 것으로 평가되고 있다.

비행자료 분석 프로그램

ICAO는 항공기 사고조사 및 항공안전 증진을 위하여 부속서

6·13·19 등에 비행자료기록장치FDR, 조종실음성기록장치CVR, 비행자료 분석 프로그램FDA, 항공안전관리시스템, 항공안전장애 의무보고제도, 항공안전장애 자율보고제도에 대한 SARPs를 규정하고 있다.

ICAO의 비행자료분석은 운항의 안정성을 증진시키기 위하여 기록된 비행자료를 분석하는 과정이다. 또한 비행자료분석 프로그램이란 운항승무원의 성능, 운항절차, 비행훈련, 항공교통통제절차, 항행업무, 항공기 정비 및 설계를 개선하기 위해 항공기록 자료를 수집하고 분석하는 사전 예방적인 비처벌 프로그램을 말한다.

ICAO는 1947년부터 사고통계를 축적해오고 있다. 국제민간항공운송협회IATA도 제트기 사고가 처음 발생한 1959년부터 제트기 사고통계를 기록, 유지하고 있다.

4) 국가별 항공안전프로그램 수립과 예방관리

각 나라의 정부는 ICAO의 규정에 맞게 법령을 정비하고, 국가항공 안전프로그램SSP; State Safety Programme을 수립하여 자국의 항공사와 공항당국의 항공안전관리시스템을 점검하고 있다.

국가항공안전프로그램이란, 사후조치 중심의 전통적인 안전감독방식에 시카고협약 제19부속서(Safety Management)의 국제기준에 따라 항공사고에 대한 예방관리 기능을 추가한 국가 차원의 항공안전관리 방식이다. 이는 안전규정의 철저한 준수는 물론 사고 발생에 영향을 줄 수 있는 위험요소(hazard)까지도 적극적으로 관리하는 프로그램이다.

SSP은 ①국가의 항공안전 정책과 목표, ②위험 관리, ③안전 보증, ④안전 증진 등 각 국가의 항공업무에 관한 최고 책임기관인 항공당국의 항공안전관리를 위한 기본방침 뿐만 아니라 항공안전관리를 위해 계획, 집행 및 감독하는 제반 사항이 국제적으로 표준화된 방식과 절차에 따라 수립되어있다.

5) 항공사고 보고제 및 항공안전감독관 제도의 운영

항공안전 보고제도

「항공안전법」 제59조에서는 ▲항공기사고, 항공기준사고 또는 항공안전장애를 발생시켰거나 ▲발생한 것을 알게 된 항공종사자 등 관계인은 국토교통부 장관에게 보고하도록 하고 있다. 또한 동 법의 제61조에서는 ▲항공안전을 해치거나 해칠 우려가 있는 사건·상황·상태 등을 발생시켰거나 ▲항공안전 위해요인이 발생한 것으로 안 사람, 또는 ▲항공안전 위해요인이 발생될 것이 예상된다고 판단되는 사람 역시 국토교통부 장관에게 그 사실을 보고할 수 있도록 하고 있다. 이 경우 보고자의 의사에 반하여 보고자의 신분을 공개해서는 안된다. 그리고 항공안전 자율보고는 사고예방 및 항공안전 확보 목적 외의 다른 목적으로 사용해서는 안된다고 규정돼있다.

항공안전감독관 제도의 운영

각 나라는 항공안전프로그램에 따라 항공사와 공항공사 등에 대한 안전활동을 감독하도록 되어있다. 우리나라의 경우 국토교통부 본청과 지방항공청에 안전감독관을 배치하여 정기적·상시적으로 감독을 실시하고 있다. 분야별로 살펴보면 운항, 감항, 보안, 위험물, 공항안전, 항행시설안전, 자격심사 등이다.

감독관 직책	업무
운항감독관	운항증명발급, 항공안전 감독
감항감독관	운항증명, 감항증명, 항공안전감독
항공보안감독관	항공보안 감독
항공위험물감독관	위험물 운송분야 점검
공항안전감독관	이동지역 점검, 비행장 관리 검사 등
항행안전시설관리검사관	항행안전시설관리 검사
모의비행장치검사관	모의비행장치 및 비행훈련장치 검사
음주단속관	조종사, 객실승무원등 음주 마약섭취 단속
공항안전검사관	공항운영증명, 공항운영규정 이행상태 점검
항행안전감독관	항공정보, 항공지도, 비행절차 등 감독
운항자격심사관	조종사 운항자격심사, 실기시험위원 심사

자료 098 항공안전감독관의 직책과 업무 내용

6) 항공사의 항공안전관리시스템 구축

이 책을 읽는 독자들은 일찌감치 느껴왔듯이 항공기를 운항시키는 데에는 셀 수 없을 만큼 많은 요소들이 관여된다. 그 중 대표적으로는 항공기(기체, 엔진, 장비품 등)가 있고 이를 조종하는 조종사, 정비하는 정비사, 운용하는 항공사, 항공기가 이착륙하는 공항(활주로, 유도로, 항행안전시설 등), 항공기간 안전간격 유지와 질서유지를 담당하는 관제기관(관제시설, 관제장비 등) 등을 꼽을 수 있다. 이런 요소들이 정상적으로 작동되면 극한의 천재지변이 일어나지 않는 한 항공사고가 일어나지 않는데, 이를 도와주는 것이 항공안전관리시스템SMS; safety management system이다.

항공안전관리시스템은 항공기 운항에 직간접적으로 관여되는 여러 사고 발생 위험요소를 찾아내고 평가한 후, 필요시 이를 제거하거나 위험의 정도를 경감시킬 수 있는 방안을 종합적이고 체계적으로 수행토록 하기 위해 만들어진 것이다. 즉, 사고를 예방하기 위한 잠재위험요인 관리, 자체안전조사 및 평가 등 항공사의 자율적 안전관리시스템인 것이다.

우리나라의 항공사, 공항 운영자, 관제기관 등은 「항공안전법」과 국가항공안전프로그램에 따라 2008년 3월부터 이 시스템을 수립하여 이행하고 있으며, 항공사와 공항 운영자가 신청하면 항공 당국은 이를 검토·승인한 후 주기적으로 점검하고 있다.

> ❖ **대한항공의 안전관리시스템 운영**
>
> 1999년 이후 무사고를 기록하고 있는 대한항공의 경우 2008년에 국내 항공사 최초로 안전관리시스템의 규정 및 운영에 대한 국가의 승인을 받았으며, 안전관리 강화를 위하여 2018년에 이사회 산하에 안전위원회를 설치하여 운영중이다. 사내외 이사로 구성된 안전위원회가 안전활동을 모니터링하는 등 안전에 관한 전문성을 강화함으로써 대한항공의 안전수준을 한층 증진시키고 있다.
> 또한 사장 직속의 안전보안실도 운영중으로, 안전보안실을 중심으로 운항, 객실, 정비, 종합통제 등 전사적인 SMS 조직을 구축하여 경영층에서부터 현장 조직 구성원까지 모두 함께하는 전사안전관리를 구현하고 있다. 안전보안실에는 지상안전, 운항안전, 품질평가팀, SMS 전담그룹이 협력하여 사고조사, 운항데이터 분석 및 항공안전 보고제도 등으로부터 도출된 데이터를 'SMS it' 시스템을 통하여 분석하고 있다. 이를 기반으로 안전저해요소 파악, 위험평가, 위험경감조치, 모니터링을 시행하여 사고 재발방지 및 선제적 예방 안전을 실현하고 있다.[90]

---

90 류종은, "대한항공 15년 무사고 비결은 '안전보안실'", News 1, 2021년 12월 4일 접속,

항공사의 자체 항공보안계획 수립

「항공보안법」의 국가보안계획에 따라 항공사는 항공기에 대한 경비대책, 비행 전·후 항공기의 보안점검, 계류繫留항공기의 탑승계단·탑승교·출입문·경비요원 배치에 관한 보안 및 통제 절차, 운항중 보안대책, 협조의무를 위반한 승객에 대한 처리 절차, 조종실 출입 절차 및 조종실 출입문 보안강화대책, 기장의 권한 및 그 권한의 위임절차 등에 대한 자체 보안계획을 수립하여 시행하여야 한다.

항공사 운항안전본부

운항안전본부는 항공기가 안전하고 효율적으로 운항할 수 있도록 운항절차 및 기술 등에 관한 활동을 수행하는 조직이다. 주요 업무로 지상과 공중에서 이동중인 모든 항공기에 대해 실시간 운항통제를 하고, 운항 책임자Flight Managers의 관할 하에 운항중인 조종사의 업무를 감독한다. 비행 전 점검과 여러 운항 조건의 파악 및 운항 승무원에 대한 지원과 조업 업무 역시 실시한다.

또한 항공기 운항시 목적지까지 이동하는 시간대별로 기상 상태를 파악하여 조종사에게 제공하며, 조종사의 훈련과 운항절차 기준을 제정한다. 교육훈련의 내용은 기초훈련 과정, 기종전환, 재교육,

정기 순환 교육 및 숙지 훈련 등이다.

2. 사고 예방 노력의 효과

주지한 바와 같이 항공사고 예방을 위하여 항공산업이 태동한 초기부터 국제민간항공기구가 출범하여 항공안전기준이 수립되었으며, 각종 항공안전프로그램이 시행되고 있다. 이러한 노력의 결과로 오늘날에는 항공사고가 현격히 줄어들었다. 흔히 항공기 사고로 사망할 확률은 번개에 맞아 사망할 확률이나 복권 당첨확률($1/_{8,140,000}$)보다도 낮다고 하는데, 과연 얼마나 줄었을까?

관련 통계에 의하면, 사고 건수는 1989년에 항공기 10만대 착륙 횟수 당 0.21건이었으나 2008년에는 0.04건으로 $1/_{20}$이상 감소하였다. 1970년대에는 전 세계의 항공기 탑승객이 4억명 정도였는데, 당시 한해 항공기 사고로 사망하거나 부상당한 사람이 1,500여명이었으나 2012년에는 28억명의 항공기 이용객 중 사상자는 500명 이하였다. 다른 교통수단과 비교해보면, 영국의 교통잡지『모던레일웨이』에서는 여러 기준별로 안전도를 조사했는데 항공기가 10억㎞를 이동할 때 사고로 인한 사망자는 0.05명, 버스가 0.4명, 철도가 0.6명이었다. 여행거리별로 볼 때는 항공기가 가장 안전한 것이다.[91]

---

91 김필규, "잇단 사고… 항공기, 여전히 가장 안전한가?", JTBC, 2021년 12월 4일 접속,

AP통신사가 몇년 전 미국 연방교통안전위원회NTSB의 사고 데이터를 분석한 자료에 따르면, 테러 등을 제외한 전 세계 상업용 항공기 승객 1억명당 사망자 수는 약 2명에 불과하다고 하였다. 또한 항공기 사고가 나면 대부분 예외없이 사망한다는 생각이 저변에 있으나 실제로는 그렇지 않다. 영국 BBC의 보도에 따르면 1983년부터 2000년까지 미국에서만 568대의 항공기가 추락했는데, 이 항공기들의 승객 5만3487명 중에서 5만1207명이 생존했다고 한다. 항공기가 추락했는데 무려 95%가 생존한 것이다.[92]

국적 항공사의 안전도

　　우리나라의 경우 익히 알려진 대한항공 858편 폭파 사건[93]이나 대한항공 007편 격추 사건[94], 대한항공 801편 추락 사고[95] 등 1980년

---

92 김종화, "왜 비행기사고는 났다하면 전원 사망인가요?", 아시아경제, 2021년 12월 4일 접속,

93 "대한항공 858편 폭파 사건", wikipedia, 2021년 12월 4일 접속,

94 "대한항공 007편 격추 사건", wikipedia, 2021년 12월 4일 접속,

95 미국의 괌에서 발생한 조종사 과실 및 공항 장비문제로 인한 사고. "대한항공 801편 추락 사고", wikipedia, 2021년 12월 4일 접속,

대와 1990년대에 걸쳐 크고 작은 사고가 많이 발생할 만큼 항공안전성에 적지 않은 문제가 있었던 것이 사실이다. 이로 인하여 2000년 실시된 ICAO의 평가에서 낮은 평가(79.79%)를 받고 미국 FAA로부터는 2001년에 항공안전 2등급 판정을 받아, 1등급 회복까지 신규노선 개설 제한, 항공사간 코드쉐어 중단 등의 불이익을 경험한 바 있다. 이에 정부와 국내 항공업계는 관련 법령을 정비하고, 항공기 운항 정비, 조종사 교육훈련 등을 국제기준에 부합되도록 강화하는 한편 24시간 상시 항공안전 감독체계를 운영하고 구형 항공기를 매각해 기종을 단순화하는 등 각고의 노력을 경주하여, 2008년의 USOAP 평가에서는 국제기준 이행률 98.89%로 항공안전 세계 1위 국가로 평가받은 바 있다.

그 결과 우리나라의 항공사고는 급격히 줄어들었다. 1997년의 괌 사고 이후 16년째 항공 무사고를 이어오다가 2013년 7월의 샌프란시스코 공항 사고로 3명의 사망자가 발생하였으나, 승객 대비 사망자수를 보면 2010 - 2018년까지 360만여회를 착륙하여 탑승시킨 약 6억명 중 항공사고로 인한 사망자는 3명에 불과하다. 이는 2억명 중에서 1명이 사망한 것이다.

항공기 사고의 유형과 원인

　항공기 사고는 사람이 항공기에 탑승하여 발생한 사망, 행방불명, 항공기의 중대한 파손 등을 말하는데, '사고로 발전할 수 있었던' 경우로 항공기 준사고와 항공안전장애가 있다
　항공기 준사고란 항공안전에 중대한 위해가 발생하여 사고로 이어질 수 있는 사건으로, 실제 사고가 발생하지는 않았으나 발생할 소지가 충분하거나 발생 직전의 상황까지 간 경우이다. 엔진 고장, 장애물과의 충돌이나 충돌의 위험성이 있는 사건, 동체착륙, 활주로 이탈 등 21개 항목이 있다.
　항공안전장애는 운항 및 항행안전시설과 관련하여 항공안전에 영향을 미치거나 미칠 우려가 있었던 경우이다. 운항중 항공기와 관제기관 간 양방향 무선통신이 두절된 상황 등 44개 항목으로 되어 있다.
　사고의 원인을 살펴보면, 1960년대까지의 사고는 대부분 기체 결함이나 기상요인에 의하여 발생하였으나 1970년대부터는 항공기술의 발달에 의해 항공기가 첨단화·자동화되면서 기기의 결함에 의한 사고보다는 인적 요인에 의한 사고 비율이 높아졌다. 지난 2009 - 2018년의 10년간 발생한 항공사고는 총 144건이었는데, 유형별로 보면 인적요인 102건(71%), 기체결함 18건(13%), 조류충돌

등 13건(6%), 기상요인 3건(2%), 조사 중인 건 13건(9%)이다.

3. 항공안전도 등을 고려한 세계 최고의 항공사는?

호주의 항공사 평가 사이트인 에어라인레이팅스AirlinesRatings는 ICAO의 자료를 토대로 21년에 전세계의 항공사 중 최고의 항공사 20개사를 발표하였다. 평가 기준은 항공안전과 기내서비스, 승객 편의도, 취항 루트 등을 종합한 것이다.

순위	항공사 (괄호안은 지난해 순위)	순위	항공사
1위	카타르 항공(9)	11위	루프트한자(11)
2위	에어뉴질랜드(1)	12위	전일항공(3)
3위	싱가포르항공(2)	13위	핀란드항공(12)
4위	콴타스항공(4)	14위	일본항공(13)
5위	에미레이트(6)	15위	KLM(14)
6위	캐세이퍼시픽(5)	16위	하와이 항공(16)
7위	버진애틀랜틱(7)	17위	알래스카항공(18)
8위	유나이티드항공 (순위없음)	18위	버진오스트레일리아(10)
9위	EVA 항공(8)	19위	델타항공(19)
10위	영국 항공(17)	20위	에티하드항공(20)

| 자료 099
에어라인레이팅스에서 발표한
2021년 최고의 항공사 순위

항공안전 우려 국가

국제민간항공기구, 미국 연방항공청 및 유럽연합은 전세계 국가와 항공사를 대상으로 국제기준 준수율 등의 항공안전평가를 실시하고 있다. 이 평가에서는 다양한 결과를 비롯해 안전우려국이나 블랙리스트 항공사 보유국 등이 지정된다.

2020년 12월 31일 기준으로 ICAO에서 지정한 안전우려국은 8개국, FAA에서 2등급으로 지정한 국가는 14개국, EU이 지정한 블랙리스트 항공사 보유국가는 24개국으로, 중복지정(8개국)된 국가를 고려하여 총 38개국이 지정되어있다.

ICAO 지정 안전우려국가 (8개국)	안티구아 앤드 바뷰다, 부탄, 에리트레아, 그레나다, 파키스탄, 세인트키츠 앤드 네비스, 세인트 루치아, 세인트 빈센트 앤드 그레나딘스
FAA 2등급 국가 (14개국)	가나, 그레나다, 도미니카, 말레이시아, 방글라데시, 베네수엘라, 세인트 루치아, 세인트 빈센트 앤드 그레나딘스, 세인트 키츠 앤드 네비스, 안티구아 앤드 바뷰다, 코스타리카, 큐라소, 태국, 파키스탄
EU 블랙리스트 항공사 보유국가 (24개국)	나이지리아, 네팔, 라이베리아, 리비아, 몰도바, 베네수엘라, 북한, 상투에 프린시페, 수단, 수리남, 시에라리온, 아르메니아, 아프가니스탄, 앙골라, 에리트레아, 이라크, 이란, 적도기니, 지부티, 짐바브웨, 코모로스, 콩고공화국, 콩고민주공화국, 키르기즈스탄

| **자료 100** ICAO, FAA, EU에서 지정한 비행 위험 국가 및 항공사 보유국

북한 고려항공의 경우 2021년 발표된 'EU 항공안전 목록'에서 여전히 역내 운항이 엄격히 제한되는 조치를 받고 있다. 이는 러시아

투폴레프사의 TU - 204 기종 여객기 2대를 제외한 나머지 항공기의 역내 운항을 계속 금지한다는 것이다.

이러한 제재는 항공기 안전관리에도 영향을 미친다. 항공기는 군사 목적으로 전용轉用될 가능성이 있는 품목이기 때문에 부품 수급에도 어려움이 따른다. 이로 인해 보유 항공기의 대부분을 차지하는 노후 기종을 완벽하게 수리하거나 교체할 수 없어 안전 문제가 계속 발생하고 있다.[96]

4. 사례를 통해 보는 항공안전관리의 우수성

2019년 7월 1일, 독일 쾰른 - 본Cologne/Bonn 국제공항에서 출발한 불가리아 항공사 엘렉트라 에어웨이Electra Airways 소속의 B737 여객기 1대가 타이어에 펑크가 났음에도 이스라엘 텔아비브의 벤 구리온Ben Gurion 국제공항에 안전하게 착륙한 사건이 있었다. 착륙시 큰 사고로 이어질 수 있었으나, 이륙 후 교신을 통해 이를 인지한 조종사의 훌륭한 대처와 이스라엘 공군의 협조, 벤 구리온 공항당국의 발빠른 대응으로 인해 승무원을 비롯한 탑승자 전원이 무사 하기하였다.[97]

---

[96] 정영교, "김여정 태우고 '깜깜이 비행'… 고려항공 하늘길 11년 막은 EU", 중앙일보, 2021년 12월 4일 접속,

[97] 박예원, "바퀴 펑크난 여객기, 이스라엘 공항에 무사히 착륙", KBS, 2021년 12월 4일 접속,

상기 사례는 성공적인 비상착륙 및 착륙 국가의 대처로 승객의 안전을 도모한 좋은 예시인데, ▲출발지 공항 측에서 활주로의 이물질을 신속히 발견하여 타이어에 펑크가 난 사실이 빠르게 파악되었고 ▲공항당국이 관제사에게 이 사실을 즉시 알리고 관제사가 조종사에게 통보하는 원만한 정보전달 체계가 확립되어 있었으며 ▲만일의 사고에 대비하여 이스라엘 공군 전투기가 출격하여 해당 여객기를 호위하는 한편 벤 구리온 국제공항 측에서도 소방대원들을 사전에 배치하는 등 비상조치방안이 가동되었고 ▲조종사가 지속적인 훈련을 통하여 습득한 비상시의 안전착륙기술이 대형 참사를 막을 수 있었다.

이와 같은 비상상황에서 모든 탑승자가 무사히 땅을 밟을 수 있었던 이유는 항공사고에 대비하여 각 주체들이 빈틈없이 각자의 역할을 수행하였기 때문이다. 또한 이를 가능하도록 종사자들을 끊임없이 훈련시키고 관리감독하는 항공안전관리시스템이 상시 작동한 덕분이며, 이것이 안전 관련 법규의 존재 이유이다.

제 6편
멋진 항공인이 되고 싶다면

제 11장
멋진 항공인이 되는 길

　전 세계의 항공시장은 지속적으로 성장하고 있다. 그 중 중국을 포함한 아시아 태평양Asia - Pacific 항공시장은 연평균 10% 이상 성장하고 있으며, 우리나라의 연간 항공승객 현황 역시 2010년에 60백만 명이었으나 2018년에는 118백만명으로 증가했다. 2005년 이후 본격적으로 시작된 저비용 항공사의 시장 진입으로 인하여 급격히 성장한 것이다.

　국내 항공사에 근무하는 항공 종사자는 2012년에 조종사 4,598명, 항공정비사 4,088명, 운항관리사 334명, 객실승무원 9,848명으로 총 18,868명이었으나, 2020년 11월에는 조종사 6,538명, 항공정비사 5,736명, 운항관리사 444명, 객실승무원 15,238명으로 총 27,956명인 것으로 증가하였다. 이를 비교하면 약 1.5배 이상 늘어난 것이다.

그리고 세계 항공 MRO~Maintenance Repair Overhaul; 항공정비산업~ 시장조사업체 올리버 와이만~Oliver Wyman~의 전망에 따르면, 전 세계의 상업용 항공기는 2019년에 2만 7,492대였던 것이 2029년에는 3만 9,175대로 증가할 것으로 예측하고 있다. 이에 따라 조종사, 정비사, 운항관리사, 객실승무원 등 항공종사자의 수요는 지속적으로 늘어날 것으로 보이며, 지금(2021년)은 COVID-19의 유행으로 인하여 항공 수요가 감소하였으나 2023년 경에는 정상 수치를 회복할 것으로 예측하고 있다.

1. 조종사

조종사의 자격증은 자가용, 사업용, 운송용으로 구분된다. 우선 교육기관에서 40시간의 비행시간을 수료한 후 항공법규, 공중항법, 항공기상, 비행이론, 항공교통통신정보 과목에 합격하면 자가용 조종사 자격증을 취득할 수 있다. 자가용 조종사~private pilot~는 영리가 발생하지 않는 항공기에 탑승하여 운항하는 조종사를 뜻한다.

자가용 조종사 자격을 취득한 후 200시간 이상의 비행 경력이 있으면 사업용 조종사 자격증을 취득할 수 있다. 과목은 자가용 조종사의 자격시험과 동일하다. 사업용 조종사는 항공 촬영이나 농약 살포

등 타 분야의 사업에 사용하는 항공기, 그리고 항공운송사업에 사용하는 항공기에 기장 외의 역할을 맡는 조종사를 뜻한다. 사업용 조종사 자격증을 취득한 후 항공사에서 요구하는 추가적인 교육과 경력을 쌓고, 제트 및 기종별 교육을 별도로 이수하면 항공사의 부기장이 될 수 있다.

사업용 조종사가 된 후 항공사에 취업하여 1,500시간 이상의 비행 경력이 생기면 운송용 조종사 자격을 취득할 수 있다. 운송용 조종사는 항공운송사업용 항공기의 조종사를 뜻한다. 기장이 되기 위해서는 운송용 조종사 자격을 취득한 후 일반적으로 5 - 10년 정도의 부기장 경력 및 4,000 - 5,000시간의 비행 경력이 필요하다.

앞서 밝힌 바와 같이 저비용 항공사의 설립 등으로 조종사의 수요가 증가함에 따라 국내의 조종사 양성 기관이 대폭 늘어났다. 현재 국토교통부로부터 전문교육훈련기관으로 지정받고 조종사를 양성하는 곳은 16곳이다. 특히 국토교통부에서는 2009년부터 조종사 비행 훈련을 위해 해외 수요를 국내로 전환하고, 우수 조종사의 자급 체계를 마련하기 위해 울진비행훈련원을 통해 연간 120명 이상의 조종사 양성 사업을 지원하고 있다. 이는 정부 보조사업으로, 현재 한국항공대학교와 한국항공전문학교의 2개 훈련기관을 선정하여 사업용 조종사 양성을 위한 교육 프로그램을 운영중이다.

참고로, 현재 국내에서 조종사 교육을 받을 수 있는 곳은 2019년

1월 3일 기준으로 아래의 16개 교육기관이다. 자세한 내용은 '항공교육훈련포털'을 통해 확인할 수 있다.

기관 명칭		소재지
항공대학교	비행훈련원 (본교: 수색, 실기: 제주)	경기 고양
	울진비행훈련원	경북 울진
한서대학교 (비행교육원)		충남 태안
공군 교육사령부 (비행학교)		경남 진주
육군 항공학교		충남 논산
해군 6전단		경북 포항
한국항공전문학교	울진과정 (최초 '14.1.14)	본교: 서울 실습: 울진훈련비행장
	학부과정 (최초 '14.5.29)	
한국교통대학교		본교:교통대 실습:청주,무안공항
초당대학교 콘도르비행 교육원		본교: 전남 무안 실습: 무안국제공항
한국항공우주산업(주)		경남 사천시
청주대학교 비행교육원		충북 청주
써니항공 비행교육원		전남 무안
경운대학교 비행교육원		경북 구미 실습: 전남 무안 공항
중원대학교 비행교육원		충북 괴산 실습: 전남 무안 공항
㈜한국항공		충북 청주 공항
스펙코어 비행교육원		울산 (울산공항)
극동대학교 비행교육원		서울 중구 (태안비행장)

자료 101 국내 조종사 교육기관

2. 항공정비사

항공정비사는 「항공안전법」에 따라 항공정비사 자격증명을 취득하여야 한다. 항공정비사 자격의 조건은 만 18세 이상인 자로서 항공정비에 필요한 지식과 정비실무 경력을 소지해야 하고, 항공법규, 항공역학, 항공기체, 전자전기계기 등의 필기시험 및 교통안전공단에서 시행하는 실기시험에 합격해야 자격증이 발급된다.

관련 자격증으로는 항공산업기사, 항공장비 정비기능사, 항공전자정비기능사, 항공기체 정비기능사 등이 있다. 대부분의 항공기 제작사들이 외국계 회사이고 관련 메뉴얼이 영문으로 작성되어있으므로 영어능력이 매우 중요하다.

항공정비사가 되기 위해서는 크게 3가지 방법이 있다.

- 한국항공대학교나 한서대학교 등 항공분야 특성화 대학을 졸업하거나 항공정비를 전공, 또는 국토교통부가 지정한 전문교육기관에서 소정의 교육과정을 이수
- 대한항공이나 아시아나항공 등의 항공사에서 정비훈련 양성교육을 이수
- 항공정비 관련 공군 부사관으로 입대하여 정비경력을 쌓은 후 민간 기업에 취업

ICAO에서는 2010년에 전 세계적으로 약 58만명이었던 항공정비사 인구가 2030년에는 약 116만명으로 증가할 것으로 예상하였다. 항공정비사는 조종사와 달리 연령 상한 제한이 없기때문에 만 65세 이상의 정비사도 다수 존재한다.

| 자료 102 정비사 교육 과정을 위한 훈련용 엔진

참고로 국토교통부에서 지정한 항공정비사 교육기관은 18개가 있으며 아래와 같다(2019년 1월 3일 기준).

기관 명칭	소재지	기관 명칭	소재지
항공기술교육원 (한서대부설)	충남 태안	항공정비사 전문교육원 (공군)	경남 진주
한국폴리텍항공대학	경남 사천	정석항공기술교육원 (정석항공과학고)	인천
항공기술교육원 (대한항공)	서울 공항동	경북항공기술교육원 (경북항공고교)	경북 영주
정비직업훈련원 (아시아나항공)	서울 공항동	한국과학기술 직업전문학교	서울 강서
한서항공 직업전문학교	서울 광진구	강호항공고등학교	전북 고창
한국에어텍항공 직업전문학교	서울 공항동	동원과학기술대학교 항공기술교육원	경남 양산
국제항공기술교육원	서울 영등포구	경북전문대학교	경북 영주
아세아항공직업 전문학교	서울 용산구	인하항공 직업전문학교	인천 부평
한국항공 직업전문학교	서울 동대문구	경운대학교 항공기술교육원	경북 구미

| 자료 103 국내 항공정비사 교육기관

3. 관제사

항공교통관제사는 고도의 집중력을 요하는 직책이다. 불명확한 말 한마디, 순간의 잘못된 판단이 대형 사고를 유발할 수 있기 때문에 빠른 판단력, 침착함, 세심함을 갖춘 사람이 좋은 관제사가 될 수 있다.

항공교통관제사가 되기 위해서는, 만 18세 이상의 성인이 국토교통부 장관이 지정한 전문교육기관에서 항공교통관제에 필요한 교육과정을 이수하거나 민간항공에 사용되는 군의 관제시설에서 9개월 이상의 관제실무를 수행한 경력을 보유해야 한다. 이어서 교통안전공단에서 시행하는 항공종사자 자격증명 시험을 통과해야 항공교통관제사 자격증명을 받을 수 있다. 자격증명 시험과목은 항공법규, 관제일반, 항행안전시설, 항공기상 및 항공교통, 통신 및 정보업무의 5가지이다.

국토교통부 소속 항공교통관제사가 되기 위해서는 자격증명을 갖춘 후 국토교통부에서 공모하는 채용시험에 합격해야 한다. 응시자격은 항공교통관제사 자격증 소지 및 항공영어구술능력증명 4등급 이상이다.

국토교통부가 지정한 항공관제사 교육기관으로는 아래의 4개 기관이 있다(2019년 1월 3일 기준).

기관명칭	소재지
항공교통관제교육원 (항공대 부설)	경기 수색
항공교통관제교육원 (한서대 부설)	충남 태안
항공기술교육원(한국공항공사부설)	충북 청원
항공교통관제사교육원(공군교육사)	경남 진주

| 자료 104 국내 항공관제사 교육기관

4. 객실승무원

객실승무원은 항공사의 공개채용을 통해 입사한 후 3개월 가량의 양성교육 및 수습과정을 거쳐 정식 승무원으로 발령된다. 별도의 자격증명을 요구하지 않으며, 관련 학과가 설치돼있는 대학에 입학하면 진로 설정이나 취업 준비가 더욱 용이하다.

국내 항공사의 객실승무원 입사시험 절차는 서류전형, 신체검사, 필기시험, 면접(단체면접, 개별면접, 최종면접)의 4단계로 이루어진다. 외국 항공사는 면접 전형이 영어로 이루어지며 필요에 따라 수시로 채용하므로 영어능력과 정보수집이 중요하다.

객실승무원이 되기 위해서는 장시간 업무를 위한 체력, 적절한 신장, 밝고 부드러운 이미지, 서비스직에 적합한 언어구사능력, 위기대처능력 등의 자질이 요구된다. 객실승무원의 승진은 입사 후 2년이 경과하면 별도의 시험을 거쳐 선임 승무원이 될 수 있고, 선임 승무원이 된 후 2년이 지나면 부사무장 시험에 응시할 수 있다.

| 자료 105
미국 플로리다에 위치한 엠브리 리들 대학교(Embry - Riddle Aeronautical University)의 훈련기 모습

| 자료 106
울진 비행장의 조종사 훈련 상황 점검 현장에서. (좌측에서 두 번째가 필자)

5. 운항관리사

운항관리사는 특별한 전공 제한은 없으나 항공분야 전공자를 우대한다. 운항관리사 양성을 위한 별도의 사설 교육기관이 없기 때문에 항공회사에 입사한 후 교육과 실습, 경력을 통해 자격증을 취득할 수 있다.

운항관리사 자격시험은 필기시험과 실기시험으로 나뉘며, 「항공안전법」에 따라 국토교통부 장관의 위탁을 받아 교통안전공단에서 관리하는 운항관리사 자격증을 취득하면 응시가 가능하다. 필기시험은 항공법규, 항공기, 항행안전시설, 항공통신, 항공기상의 5과목이며, 실기시험은 일기도의 해독, 항공정보의 수집·분석, 비행계획의 작성, 운항 전 브리핑 등의 작업을 하게 하여 운항관리업무에 필요한 실무적인 능력을 확인한다.

6. ICAO 항행위원

항공안전 분야에서 가장 핵심적인 역할을 하는 직책이 바로 ICAO 항행위원이다. ICAO는 항행, 운송, 재정, 기술협력 등 7개의 전문위원회를 두고 있는데, 그 중 항행위원회는 시카고 협약 제56조에 의거하여 설치된 상설위원회이다.

동 위원회는 19인의 위원으로 구성되며 임기는 3년이다. 주요 임무는 항공안전 및 기술 분야의 모든 정책과 표준을 실질적으로 결정하는 것인데, 10,000여개의 국제표준과 권고에 대한 제·개정안을 마련하여 이사회에 상정한다. 이는 대부분 수정 없이 채택되므로, 항행위원회가 항공안전 및 기술 분야의 국제표준을 실질적으로 주도하고 있는 것이다.

ICAO 위원회의 위원은 해당 국가의 추천을 거쳐 이사회에서 치러진 항행위원 선거에서 결정되며, 우리나라는 2005년에 최초로 항행위원이 선출된 이래 6연임에 성공하면서 국제사회에서 우리나라 항공산업의 위상을 높였다.

제 12장
우리나라의 항공사(史)와 항공산업의 미래

1. 우리나라의 항공 역사

1) 사람이 타고 날아다닌 우리나라 최초의 비행체, 비거

하늘을 나는 꿈은 우리의 조상들도 갖고 있었다. 우리나라에서도 임진왜란 직후에 '비거'라는 물체를 만들어 사람을 실어 하늘을 날았다는 기록이 남아있다.

전라북도 김제시 부량면 출신인 정평구鄭平九는 임진왜란 당시 김시민의 휘하에서 화약을 다루는 임무를 맡았는데, 1592년의 임진왜란 중 진주성 전투 때 왜군에게 포위되어 전세가 불리해지자 외부에 진주성의 위험을 알리기 위하여 비거를 타고 날아가서 구원병을 요청했다고 한다. 또한 성에 갇혀있던 성주를 구하기 위해 비거로 비행하여 성으로 들어가 성주를 태우고 10㎞ 높이로 날아가 30리 밖에 이르러 내렸다고 한다. 비거에 풀무가 달려있어 자체적으로 바람을 일으켜 하늘을 날았다는 구전도 있다.

정평구가 개발했다는 비거는 우리나라의 기록에는 보이지 않고 중국 진나라의 장화張華가 편찬한 『박물지博物志』에 기록되어있다. 비록 실존 여부는 확실하지 않지만 건국대학교 항공우주학과에서 문헌의 묘사를 토대로 복원한 비거가 공군박물관에 전시되어있다.[98]

한편 고려 말기에 무신 출신이었던 최무선은 백성을 괴롭히는 왜구들을 막기 위해 18종의 화약무기를 만들었는데 그 중에 달리는 불이라는 의미의 '주화走火'라는 무기가 있었다. 이 주화는 로켓의 원리로 만들어진 화약무기로 조선시대의 세종대왕 시절 신기전神機箭이라는 무기로 개량되었다. 신기전은 대신기전, 중신기전, 소신기전, 산화신기전 등 총 4가지 종류가 있었는데 그 중 대신기전은 그 크기가 5m가 넘는 대형 로켓으로 사정거리가 600 - 700m 정도였다. 이 신기전은 세계에서 가장 오래된 복원 가능한 로켓이다.[99]

---

98 박대순, "비거", 한국민족문화대백과사전, 2021년 12월 4일 접속,

99 채연석, "신기전", 한국민족문화대백과사전, 2021년 12월 4일 접속,

2) 우리나라 상공에서의 첫 비행

우리나라 상공에서의 최초비행은 1913년에 일본 해군의 기술장교인 나라하라 산지奈良原三次 중위에 의해 시연됐다. 기계문명에 대한 일본의 공개적인 시위가 한국의 용산 연병장에서 펼쳐졌다.

이후에도 일본의 다카소오와 오자키, 미국의 아트 스미스Art Smith 등이 당시의 조선을 방문하여 비행 시범을 보여 우리나라에서도 누구나 항공기를 알게 되었다. 특히 1917년 5월에 여의도에서 열린 미국인 조종사 아트 스미스의 곡예비행에는 약 5만명의 군중이 운집했다고 한다. 당시 서울 인구가 20만명 정도였으니 시민의 ¼이 모인 대기록을 세운 것이다.

3) 우리나라 사람, 우리나라 하늘을 최초로 날다

일제 강점기인 1922년 12월 10일, 서울 여의도에 사람들이 구름처럼 모여들었다. 찬바람이 쌩쌩 부는 허허벌판에 운집한 5만여명의 인파는 조선인 비행사가 조종하는 항공기를 구경하기 위해 여기저기에 자리잡았다. 항공기는 하늘 높이 날아올라 남산을 끼고 돌아 남대문과 창덕궁, 독립문 상공을 거쳐 다시 여의도에 착륙했다. 이 날 서울 하늘을 비행한 항공기는 일본 오쿠리 비행학교 소속의 영국제

뉴포트 단발복엽[100] 1인승 항공기 금강호金剛號였으며, 비행사의 이름은 안창남安昌男, 1900 - 1930이었다.

| **자료 107** 우리나라 최초의 비행사 안창남

안창남은 아트 스미스의 곡예비행을 보고 비행사가 되기로 결심하여 학교를 중퇴하고 1919년에 일본으로 건너가 도쿄 항공기 제작소와 오쿠리 비행학교에서 항공기 조종술을 배웠다. 1921년에 일본 민간 비행사 시험에 일본인을 제치고 1등으로 합격했고, 1922년에는 도쿄 - 오사카 왕복 우편비행 대회에 참가해 우승을 차지했다.

1923년 9월에 간토지방에 대지진이 일어나 일본에 머물던 안창남은 자신의 재능인 항공기술을 민족의 독립운동에 바치기로 결심하고, 1924년에 중국으로 건너가 산시성[101]山西省에서 비행학교 교

---

100 단발복엽기는 1개의 엔진에 두 겹의 날개가 상하로 달려있는 항공기이다.
101 중국 서북부에 위치한 행정구

관으로 활동하며 항일독립단체인 대한독립공명단大韓獨立共鳴團과 항일 비행학교 설립을 추진하는 등 조국의 독립을 위해 힘썼다. 그러나 1930년 4월 2일, 산시성에서 비행훈련을 하던 중 추락해 서른살의 나이에 요절하고 말았다.[102]

그의 첫 비행은 나라 잃은 백성에게 민족적 자부심과 긍지를 일깨워준 역사적인 사건이었다.

4) 최초의 민간 상업 항공사인 대한국민항공사

안창남과 더불어 신용욱原勝平; 신바라 가츠헤이, 1901 - 1961 역시 우리나라의 초기 항공사에 이름을 남긴 사람이다. 신용욱은 젊은 시절 일본으로 유학하여 오구리小栗 비행학교와 도아東亞 비행학교를 졸업하고 1932년 다치가와立川 육군비행학교를 수료해 1등 항공기 조종사 면허를 취득했다. 이후 다시 미국 유학길에 올라 1934년에는 2등 항공사 면허를 취득했다.

신용욱은 20대 후반의 나이에 접어든 1930년 5월에 여의도에 조선비행학교를 설립하고 비행사를 양성하던 중 1936년에 조선항공사업사Korea Aviation Company를 설립하여 민간항공 운송사업을 시작하였고 해방 후인 1948년 10월 1일에는 대한국민항공사大韓國民航空

---

102 최영식, "안창남", 한국민족문화대백과사전, 2021년 12월 4일 접속,

社; Korea National Airlines(KNA)를 설립하였다. 대한국민항공사는 1948년 10월 10일에 교통부로부터 서울 - 강릉, 서울 - 광주 - 제주, 서울 - 옹진, 서울 - 부산 구간의 국내선 운항 면허를 취득했다. 그리고 같은 해 10월 30일에 서울 - 부산 구간의 정기 항공노선을 개설하여 여객 수송을 시작하게 되었다. 이 날이 바로 대한민국 최초의 민항기가 취항한 날이다.[103] 당시 운항을 한 항공기는 미국 스틴슨사Stinson Aircraft Company의 6인용 단발 경항공기였다.

대한국민항공사는 한때 국내선 증설 및 국제선 취항 등을 이루었으나 1948년 2월의 DC - 3기(창랑호) 납북사건 등으로 인한 수요 급감과 환율 상승으로 운영상의 어려움을 겪게 되었고, 회생 불가능의 상태가 되어 결국 이듬해에 폐업하게 되었다.

| 자료 108
대한민국항공사가 운영했던 DC - 3 항공기

1962년에는 대한민국 정부가 출자하여 설립한 국영항공사인 대한항공공사大韓航空公社가 운영되었지만, 반복되던 경영난으로 결국

---

103 대한민국 정부는 이 날을 기념하여 매년 10월 30일을 항공의 날로 제정하였다.

1969년 한진상사로 인수되어 지금의 대한항공이 출범하게 되었다.[104][105]

> ❖ **우리나라 최초의 객실 승무원 '에야껄'**
>
> 조선일보는 1937년 7월 13일자 신문의 "1937년 7월에 우리나라 최초의 객실 승무원 공개 모집이 실시됐다"라는 기사에서 '시내에 있는 일본항공수송회사 경성영업소는 에야껄을 모집했고, 시내에서 어여쁜 처녀들만 약 칠십여명이 응모했다. 이 시험을 통해 한 사람이 에야껄에 선발되었고 이 아리따운 처녀야말로 조선 항공계의 최초에 피는 한 떨기의 꽃이 아닐 수 없다'라고 보도했다.
>
> 이 기사를 근거로 하면 당시 선발된 '에야껄'이 바로 우리나라 최초의 객실 승무원이었던 것으로 추정되며, 해방 후인 1948년에는 국내에 취항하던 미국의 노스웨스트 항공사(Northwest Airlines)가 한국 여성을 승무원으로 채용해서 일반인들에게 승무원이란 직업과 '스튜어디스'라는 생소한 단어가 알려졌다.[106]

---

104 국립항공박물관, 「항공의 날 유래와 의미」, 2018
105 1964년에 개봉한 영화 「떠날때는 말없이」를 보면 당시의 김포공항과 대한항공공사의 로고, 항공기의 모습을 볼 수 있다.
106 대한민국항공회, 『항공문화 봄편』, 대한민국항공회, 2013

5) 대한항공과 아시아나항공의 출현

대한항공공사는 만성적인 경영난에 시달리다 민영화가 추진되어 한진상사의 고(故) 조중훈 사장1920 - 2002이 1969년에 운영권을 인수하면서 '(주)대한항공'으로 상호를 바꾸었다. 동년에 B720 기종을 도입하여 국제선 제트기 시대를 열었으며, 최초의 국제선인 서울 - 사이공 노선을 열어 베트남전 참전 군인과 기술자들을 탑승시켰다. 이렇게 도입된 B720은 1970년까지 대한항공의 유일한 제트기였다.

| 자료 109
한진상사의 대한항공공사 인수식 모습

(주)대한항공은 1971년 4월에 국내 최초의 태평양 횡단 노선인 서울 - 로스앤젤레스 화물노선을 열었다. 초기 미주 노선은 서울 - 도쿄 - 호놀룰루 - 로스앤젤레스를 거쳐야 하는 장거리 노선이었으며 비행 시간은 17시간이었다.

　이후 1972년 4월에는 미주 항로 정기 여객노선(서울 - 도쿄 - 호놀룰루 - 로스앤젤레스)을 개설하였으며, 1975년 3월에는 유럽 항로 정기 여객노선(서울 - 파리)이 개설되었다. 또한 같은 해에 바레인 노선이 개설되어 사막의 땅에서 외화를 벌던 한국인 노동자들에게 고향의 소식을 실어주는 전령사 역할을 했다.

　당시 중동으로 향하는 노선들은 국제 정서상 모두 중국과 베트남을 우회해서 통과했다. 미주 노선도 마찬가지로 북한과 소련의 영공을 통과하지 못하고 일본 센다이 방향으로 우회해서 운항해야 했다.

　1988년 2월에는 올림픽 이후 항공수요의 증가에 힘입어 제2국적사인 아시아나항공이 서울항공(주)으로 설립되어 그해 12월에 서울 - 부산, 서울 - 광주 노선을 시작으로 국내선을 취항하기 시작했다. 1990년 1월에 개설한 첫 국제선인 서울 - 도쿄 노선을 시작으로 1990년대 중반에 호주와 유럽 노선을 취항했으며, 1997년에는 서울항공(주)에서 아시아나항공(주)으로 사명을 변경했다.

2. 우리나라 항공산업의 위상

항공산업은 최첨단 기술이 복합·집약적으로 나타나는 산업으로 그 나라의 기술수준과 산업역량을 가늠하는 척도가 될 수 있다. 또한 국가 차원의 대규모 자본이 필요하며 외국의 영공을 비행하므로 국가 안보와 직결된 많은 규제를 필요로 하기도 한다.

항공산업은 다른 산업에 비해 연구개발 인력이 많이 필요하고 대규모의 숙련된 생산 인력을 유지해야 하는 특성이 있어, 생산액 기준으로 1조원당 조선업과 자동차는 각각 1,600·1,800여개의 일자리가 생기지만 항공산업은 2,500여개를 창출한다는 통계가 있다.

항공운송은 세계수송의 35%를 차지하고 있으며, 2007년에 64억 명이었던 세계의 이용 인구가 2030년에는 약 82억명으로 증가할 것으로 예상된다.

항공운송산업

우리나라는 여객수송량, 화물수송량, 항공사 규모 등의 분야에서 세계 10위권의 운송산업 대국이다. 2019년 기준으로 여객은 1,898억km로 세계 13위, 화물은 106억tkm[107]로 세계 5위이며, 종합하면 289

---

[107] tonne - kilometre. 철도나 항공기 등에 의해 운송되는 공급중량에 해당 구간거리를 곱한 값이다. 2t의 화물을 10㎞ 수송했을 경우 20tkm이다.

억tkm로 세계 7위이다.

　항공사별 통계로는 대한항공의 경우 2019년 12월 기준으로 여객 운송은 세계 18위, 화물 운송은 세계 5위이다. 그리고 2019년 하계 스케쥴 기준으로 국적사 및 외항사를 포함한 취항국가는 55개국 186개도시이다. 2021년 3월 기준으로 우리나라 국제 및 국내항공 운송사업자는 9개이다.

　인천국제공항의 경우 2019년을 기준으로 수용 여객량은 세계 14위, 화물량은 세계 5위를 차지하고 있으며, 세계 공항 서비스 평가에서 10년 이상 1위를 차지하는 등 공항서비스 분야에서도 좋은 성과를 거두고 있다. 이러한 강점에 더하여 제4활주로 운영과 함께 2024년의 4단계 건설사업이 완료되면 여객 수용능력은 1억명 이상으로 증가할 것으로 전망되며, 아랍에미레이트의 두바이 국제공항과 터키의 이스탄불공항에 이어 세계 3대 공항으로 도약할 것으로 기대된다.

항공정비산업

　우리나라의 항공사들은 그동안 절반 이상의 정비물량을 해외업체에 위탁해왔다. 2019년을 기준으로 국적 항공사들의 총 정비비 2조 7,621억원 중 46%에 이르는 1조 2,580억원이 국외업체로 흘러갔다.

국내 항공정비산업 시장은 높은 성장잠재력 및 부가가치에 따른 양질의 일자리 창출 기회가 큰 산업으로 평가되고 있으며, 외국 기업과의 경쟁력 강화를 위해 국내 항공정비 물량 확대 지원, 가격경쟁력 확보, 항공정비 기술역량 강화, MRO 산업 성장기반 조성 등 4대 추진방향도 내놓은 상황이다.

항공정비산업, 즉 MRO는 정비(Maintenance), 수리(Repair), 분해조립(Overhall)을 의미한다. 정부는 이를 육성하기 위해 2019년에 무안군 망운면 일원에 위치한 34만 9천㎡ 규모의 부지에 항공특화산업단지 지정계획을 수립하여 항공정비창과 항공물류 운항서비스를 제공하는 시설을 조성중이며 2022년도에 완공할 예정이다.

또한 경남 사천에도 정부지원을 통해 2018년에 한국항공우주산업을 포함한 7개 기업이 출자해 국내 첫 항공정비 전문업체인 한국항공서비스(주)(KAEMS, Korea Aviation Engineering & Maintenance Service)를 설립하여 항공정비 중심의 산업단지를 운영중이다. 한국항공서비스(주)는 국내 저가항공사 대상의 정비사업을 수행하고 있으며, 앞으로 FAA의 항공기 수리사업장 인가를 취득한 후 중국, 일본 등 국외 항공기의 정비 물량도 수주해 해외시장에 진출할 수 있을 것으로 보인다.

현재 세계적인 정비업체는 주로 독일·프랑스·이스라엘 등에 있으며, 이들 국가의 전문업체에서 근무중인 정비인력은 1만 4천 - 2만 6

천여명에 이른다. 우리나라는 대한항공사에서 2,000여명이 근무중이다.

항공기 제작산업

우리나라의 항공기 제작산업은 군용기를 위주로 제작하며 발전해왔다. 1980년대 초반에 생산된 500MD 헬기를 시작으로 1990년대에 들어서면서 F - 16 전투기와 UH - 60 헬기 등을 생산하며 완제기 면허생산을 수행하였다.

항공기 제작산업의 실질적인 구축은 1997년에 시작된 T - 50 골든이글T - 50 Golden Eagle 개발사업을 통해 이루어졌다. T - 50 골든이글은 공군의 고등비행훈련과 경공격 임무 수행이 가능한 초음속 고등훈련기로 2001년 10월에 시조 1호기를 roll - out(신규가동)하였다. KAI는 2003년 8월부터 양산 체제에 들어갔으며, 이는 우리나라가 초음속 제트기 분야에서 세계 12번째 개발국이자 6번째 수출국으로 발돋움하는 계기가 되었다.

이어서 등장한 것이 첫 국산 스텔스 초음속전투기인 KF - 21(보라매 전투기)이다. 보라매 전투기는 4.5세대의 스텔스 성능과 중거리 미사일 장착이 가능한 첨단 전투기이다. 최대 속도 2,200㎞/h에 최대 항속거리가 2,900㎞이며, 7.7t 중량의 무기 탑재가 가능하다.

현재는 장비와 부품의 대부분을 국산화하였으며, 이로써 대한민국은 세계에서 여덟번째의 초음속 전투기 양산 국가가 되었다.

아울러 한국항공우주연구원KARI이 순수 국산 기술로 제작한 태양광 무인기 EAV-3가 고도 18.5㎞를 넘어가는 성층권에서 90분간의 비행에 성공하여 무인기의 개발도 속도를 내고 있다. EAV-3는 동체 길이 9m에 날개 길이 20m의 크기로 태양전지와 배터리를 이용해 비행한다. 기체는 탄소섬유복합제로 제작되어 중량이 53㎏에 불과하다.[108]

▲ | **자료 110** KF-21 보라매 전투기

◀ | **자료 111** T-50 훈련기

---

108 한국항공우주연구원 홍보실, "고고도 태양광 무인기 성층권 비행 시험 성공 보도자료", 한국항공우주연구원, 2021년 12월 4일 접속,

3. 항공산업의 미래

점차 다가오는 우주여행 시대

    지금은 서울에서 미국 뉴욕으로 비행하는데에 14시간이 소요되지만 언젠가는 11,046㎞ 떨어진 이 거리를 30분만에 날아갈 수 있는 로켓여객기가 등장할 전망이다. 일론 머스크Elon Reeve Musk, 1971-가 설립한 우주기업인 스페이스 XSpace Exploration Technologies Corp.는 대륙간 탄도미사일의 전면에 핵폭탄 대신 객실을 설계하여 승객을 탑승시킨다는 구상을 하고 있다.

    인류의 우주여행도 머지않아 현실이 될 수 있을 것으로 보인다. 지난 2021년 7월 11일에 리처드 브랜슨 버진 그룹 회장이 우주관광 테이프를 끊은것을 시작으로[109], 일론 머스크의 스페이스 X 역시 민간인을 태운 우주선 발사에 성공했다[110]. 이 우주선은 저궤도 비행에 나섰던 경쟁사들과 달리 고도 500㎞가 넘는 상공에서 궤도비행을 하는데에 성공하면서 진정한 우주여행의 시대를 개척했다는 평가를 받고 있다.

---

[109] 61페이지 참고.
[110] 이용성, "스페이스X, 우주선 발사 성공… '우주관광 시대' 연 일론 머스크", 조선비즈, 2021년 12월 4일 접속,

에어택시와 무인배송 시대

　근래에 들어서는 에어택시Air Taxi를 위한 기술 개발이 여러 국가에서 연구되고 있으며, 우리나라의 국토교통부에서도 2025년까지 에어택시의 상용화를 목표로 추진하고 있다.

　도심항공모빌리티UAM; Urban Air Mobility는 하늘을 이동경로로 활용하는 미래의 도시교통체계와 서비스를 통칭한다. 이에 따라 머지않아 여의도 - 강남 구간을 5분만에 이동하고, 서울에서 인천까지 40km의 거리를 20분 이내에 도달할 수 있는 에어택시가 등장할 전망이다.

　에어택시는 현재 항공기 제작업체인 보잉사와 에어버스사는 물론 포르쉐Porsche나 아우디Audi 등의 자동차 제조사까지 개발에 착수하고 있다. 미국의 투자은행 모건스탠리Morgan Stanley는 2040년에 전 세계 UAM 시장이 1,700조 이상의 규모로 성장할 것으로 전망한다.

　또한 드론drone과 로봇물류의 상용화로 무인 배송시대가 열릴 전망이다. 해외에서는 아마존, DHL 등의 글로벌 기업들이 현장시험을 통해 안전성 확보에 나서고 있고, 우리나라에서도 우정사업본부와 민간 택배사 등에서 드론 상용화를 위한 시험가동을 진행중이다.

　그러나 에어택시가 상용화되기까지는 아직 극복해야 할 과제가 많이 남아있다. 기술개발 뿐만 아니라 운항을 위한 하늘의 도로를 만들어야 하는데 이에 대한 교통질서의 수립이 필수적이다. 또한 항로 상에 장애물이 없어야 하며, 주택이 밀집한 주거지 등은 피해야 한다. 대형 여객기와의 운항 경로가 겹쳐서도 안되며 군사지역이나 비행금지구역 등도 고려해야 한다. 또한 전기모터로 움직이는 만큼 배터리 기술력을 향상시키고 소음문제도 해결해야 한다. 에어택시의 소음수준은 65dB인데 여러대가 동시에 비행하면 대형여객기의 소음보다 더한 굉음이 도심 전체를 뒤덮을 수 있다. 이 문제들이 모두 해결되어야 지상에서의 교통체증 없이 에어턱시로 목적지에 도달하는 날이 올것이다.

드론의 경우는 국토교통부의 주관하에 지방항공청에서 항공기의 항로와 별도로 드론 전용 공역을 단계적으로 구축하여 자동비행 경로 설정, 충돌 회피, 교통량 조정 등 자유로운 드론 비행 환경을 조성하고 있다.[111]

| **자료 112**
가정집에 물건을 배달하는 드론의 모습

---

111 김봉수, "세계는 '에어택시' 개발 열풍… 10년 늦은 韓, 맹추격 중", 아시아경제, 2021년 12월 4일 접속,

세계 7대 항공우주강국으로 발돋움중인 대한민국

　순수 국내 기술로 만든 첫 한국형 우주발사체인 누리호가 2021년 10월 21일에 전남 고흥군에 위치한 나로우주센터에서 날아올랐다. 3단 로켓이 불을 뿜으며 이륙 976초 만에 고도 700km에 도달하였지만, 아쉽게도 1.5t 무게의 위성 모사체가 목표지점인 지구 저궤도에 이르지는 못했다.[112]

　통상 한 국가가 우주강국으로 평가받기 위해서는 위성발사체 자력개발능력, 상시발사능력, 위성정보 활용능력의 세 가지 요건을 갖춰야 한다. 누리호는 비록 위성 모사체가 목표 궤도에 도달하지는 못했지만, 이번 발사를 통해 한국 역시 1 - 3단에 이르는 엔진의 연소와 페어링 분리 등의 핵심 기술을 확보했다는 것을 입증했으며, 이는 세계에서 10번째 자력 발사국으로 도약하는 계기를 마련하였다. 필자는 이번 누리호 발사를 기점으로 대한민국이 머지않아 세계 7대 우주 강국으로 발돋움할 수 있을 것으로 기대하고 있다.

---

112 맹대환, "누리호 발사 절반의 성공⋯ 세계 7대 우주강국 한 발짝", 뉴시스, 2021년 12월 4일 접속,

✈ 맺음말

　필자는 오랜 기간 정부의 관련 부처에서 근무하며, 그리고 본 단행본을 집필하며 항공여행객의 생명을 지키기 위하여 수많은 사람들이 지금 이 시간에도 노력하고 있다는 것을 다시 한 번 몸소 느낄 수 있었다. "한 송이 국화꽃을 피우기 위하여 봄부터 소쩍새는 그렇게 울었나보다"라는 문구의 시가 있듯이, "한 대의 항공기를 목적지 공항까지 안전하게 착륙시키기 위하여 항공맨들은 또 그렇게 밤새 기도하며 애간장을 태웠나보다"라는 말로 그들의 노력에 경의를 표하고 싶다.

　항공기가 안착하기까지는 지상 10km의 높은 밤하늘을 가르며 날아가는 항공기를 조종하는 조종사, 승객의 편안한 잠자리와 비상시 안전을 책임지는 객실 승무원, 항공기간 충돌 예방과 교통정리를 도

맡아 해주는 관제사, 언제나 완벽한 상태로 항공기를 정비하는 정비사, 그리고 항공기의 비행계획에서부터 운항 구간의 전 시점을 모니터링하는 운항관리사의 노력이 있다. 활주로의 안전을 위해 혹한기와 혹서기에 끊임없이 청소와 제설을 하고, 활주로의 작은 이물질 하나라도 제거하기 위해 불철주야 노력하는 공항 종사자들의 숨은 노력은 항공기를 세상에서 가장 안전한 교통수단으로 만들어준다.

    항공여행을 하는 승객들은 난기류를 만날 때, 혹은 자신이 탑승한 항공기가 복행하거나 하드랜딩을 할 때 불안감을 느낄 수도 있다. 하지만 이 책에서 본 바와 같이 항공기는 과학 기술의 정수이다. 나를 감싸고 있는 항공기는 각종 최첨단 안전장치로 무장하고 있으며, 또한 이를 조종하고 관리하는 조종사를 비롯한 전(全) 승무원은 비상시에 대비할 항공안전프로그램을 통해 강하게 단련된 '정예요원'들이다. 승객들은 그들을 믿고 편안한 여객길을 즐기면 된다.

    마지막으로, 필자는 승객들 스스로를 제3의 항공안전요원으로 인식하며 승무원의 지시나 협조요청에 철저히 따라줄 것을 당부하고 싶다. 물론 항공기는 가장 안전한 교통수단이지만, 피치못할 상황이 발생했을 경우 우리들을 보호해주는 요소는 결국 조종사, 관제사, 그리고 객실 승무원의 빠른 판단과 신속정확한 조치이다. 승무원의 협조요청을 충실히 따르고 그들의 안내에 귀를 기울인다면, 우리가 오르는 하늘길은 더없이 안전하고 즐거운 푸른 여행길이 될 것이다.

편집자의 글

정재우 (토일렛프레스 대표 · 편집자)

언젠가 감상했던 영화 『리크루트』의 대사 중 기억에 남는 것이 있다. "사람들은 CIA의 실패만 기억할 뿐 성공은 기억하지 않는다". 마지막 장면에서 주인공 월터 버크는 이 말을 절규하듯 내뱉고 영화는 씁쓸하게 막을 내린다. 영화 내에서 보였던 월터 버크의 행적이나 해당 대사의 작중 맥락을 고려해 보면 영화사적으로 회자될 정도의 명언까지는 아니겠지만, 개인적으로는 이 대사를 한동안 떠올리며 여러 생각에 잠겼던 적이 있었다.

현대의 구석구석에는 세상에 내비쳐지는 실패보다 고요한 성공과 함께 묵묵히 할일을 하는 사람들이 많이 있을 것이다. 국민의 생명과 재산을 지키는 경찰관, 소방관, 군인과 같은 공무원에서부터 밤새 켜진 사무실의 등 아래에서 전화벨과 서류에 파묻혀 국가 경제 일선의 최전방 요원을 자처하는 회사원까지. 그렇게 제자리에서 말없이 임무를 수행하는 사람들 덕분에 이 시끄럽고 탈많은 세상은 그래도 돌아가는 것 아닐까.

『안전한 하늘길』의 원고를 작업하는 내내 나를 사로잡았던 것은 안전을 향한 항공종사자들의 헌신과 그 직책의 엄중함이었다. 현장에서의 잘못된 말 한마디와 작은 행동 하나가 돌이킬 수 없는 상황으로 치닫을 수 있기에 그들은 끊임없이 공부하고 훈련한다. 설레는 마음으로 여객기에 올라 여행을 즐기고, 컴퓨터 앞에 앉아 손끝의 마우스 클릭으로 해외 쇼핑을 즐기는 편안한 세상의 저 너머에는 분주히 움직이는 수많은 항공종사자들의 그림자가 드리워져있었다. 수백 개의 스위치에 둘러싸여 막중한 책임감을 양 어깨의 견장 위에 짊어지고 조종간을 당기는 조종사, 항공기간 충돌을 필사적으로 막고자 전시에 임하는 군인의 마음으로 마이크를 부여잡는 관제사, 한파와 폭염을 뚫고 기어이 활주로로 달려가 부품 하나까지 다듬어주는 정비사를 비롯한 수많은 항공인들의 노고가 어느새 하얀 지면 속에서 바쁘디 바쁘게 펼쳐지고 있었다. 그렇게 원고를 살펴보다 책의 내용에 사로잡혀 검색창에 관련 내용을 띄워놓고 쳐다보는 나 자신의 도습을 발견한 날이 하루 이틀이 아니었다. 『안전한 하늘길』의 사진들과 글자들은 편집자인 나를 어느 순간 그렇게 사로잡고 있었던 것이다.

고도로 발달한 문명의 이기를 누리며 살아가는 요즈음, 그 수혜자인 한 사람으로서 감사를 표해야 할 사람이 어디 항공인 뿐일까. 하지만 『안전한 하늘길』의 편집을 마무리하는 이 시점에서만큼은 항공인 여러분들에게 특별히 경의와 존경을 담뿍 드리고 싶다.

『안전한 하늘길』과 함께했던 지난 2개월은 즐겁고, 보람되며, 또한 숙연하기도 했던 작업의 나날들이었다. 편의와 안전이라는 조종간을 대신 잡아주는 그들 모두에게 깊은 감사를 표하며, 이런 기회를 이 젊은 편집자에게 선사해주신 저자께도 이 지면을 빌어 감사를 드리고자 한다.

부록
참고자료

1. 항공신체검사기준에 관한 세부사항

1) 제3종 항공신체검사기준

검사항목	항공신체검사기준에 관한 세부사항
1. 일반	항공업무의 안전한 수행을 저해하여 기능적 불능을 야기할 수 있는 다음 각 항의 어느 하나에 부합하지 않아야 한다. ① 선천적 또는 후천적 기형이 있는 경우 ② 활동성, 잠재성 또는 급만성 장애가 있는 경우 ③ 상처, 상해 또는 수술에 의한 후유증이 있는 경우 ④ 의사의 처방과 상관없이 치료, 진단 또는 예방목적의 투약으로 인한 약효나 부작용이 있는 경우
2. 호흡기 계통	① 항공업무수행을 불가능하게 하는 급성 폐질환 또는 폐, 종격이나 흉막에 활동성 질환이 없어야 한다. ② 만성 폐쇄성 폐질환이 없어야 한다. 다만, 협회의 자문에 따라 항공업무의 안전한 수행을 저해하지 않는다고 판단한 경우는 예외로 할 수 있다. ③ 중대한 증상을 수반하거나 항공업무수행을 불가능하게 할 수 있는 천식이 없어야 한다. ④ 천식을 조절하기 위한 약물의 사용은 부적격하다. 다만, 항공업무의 안전한 수행을 저해하지 않는 경우는 예외로 할 수 있다. 주)허용약물에 관한 가이드는 민간 항공의학(Doc8984)에 수록되어 있다. ⑤ 폐결핵이 없어야 한다. 단 결핵 또는 결핵으로 의심되는 병소가 치유되었거나 비전염성임을 확인할 수 있을 때는 예외로 할 수 있다.
3. 순환기 계통	① 항공업무의 안전한 수행을 저해할 수 있는 선천적 혹은 후천적 심장이상이 없어야 한다. ② 관상동맥 우회술(coronary by-pass grafting), 스텐트(stent)삽입과 상관없이 혈관조형술(angioplasty), 기타 심장시술, 심근경색의 병력, 업무수행을 저해하는 그 밖의 심장 질환(incapacitating cardiac condition)이 없어야 한다. 다만, 협회의 자문에 따라 항공업무의 안전한 수행을 저해하지 않는다고 판단한 경우는 예외로 할 수 있다.

3. 순환기 계통 (계속)	③ 비정상적인 심장리듬이 없어야 한다. 단, 협회의 자문에 따라 부정맥(arrhythmia)이 항공업무의 안전한 수행을 저해하지 않는다고 판단한 경우는 예외로 할 수 있다. ④ 수축기와 이완기 혈압이 정상범위안에 있어야 한다. ⑤ 고혈압을 조절하기 위한 약물의 사용은 부적격하다. 다만, 항공업무의 안전한 수행을 저해하지 않는 경우는 예외로 할 수 있다. ⑥ 순환기계통의 중대한 기능적 또는 구조적 이상이 없어야 한다.	
4. 소화기 계통	① 위장관 또는 부속기에 중대한 기능장애가 없어야 한다. ② 항공업무수행을 불가능하게 하는 소화기계 질환이나 수술의 후유증, 특히 협착이나 압박에 의한 폐쇄 증상이 없어야 한다. ③ 담도나 소화기관 또는 부속기의 전부 또는 부분적으로 절제술이나, 문합술과 같은 대수술을 받지 않아야 한다. 단 수술관련 의료기록을 획득하여 협회의 자문에 따라 항공업무수행을 불가능하게 할 수 있는 후유증이 없다고 판단된 경우는 예외로 할 수 있다.	
5. 혈액 및 조혈장기	혈액질환 및 임파계 질환이 없어야 한다. 단 항공업무의 안전한 수행을 저해하지 않는다고 판단된 경우는 예외로 할 수 있다.	
6. 정신계	항공업무의 안전한 수행을 불가능하게 하는, 향정신성 물질의 사용으로 인한 정신 또는 행동 장애, 및 알콜 또는 기타 향정신성 물질에 의한 의존증상(dependence syndrome). 주)국제민간항공조약 부속서1의 1.1에서 정의한 향정신성 물질은 다음과 같다. 알콜, 아편류(opioids), 대마류(cannabinoids), 진정제, 수면제, 코카인, 기타 홍분제, 환각제, 휘발성 용제 단, 커피나 담배는 제외.	

7. 신경계	① 다음의 각호에 해당하는 병력이나 임상진단이 없어야 한다.
	  1. 항공업무의 안전한 수행을 저해할 수 있는 진행성 또는 비진행성의 신경계 질환 및 그 후유증
	  2. 뇌전증
	  3. 의학적 원인이 불명확한 의식장애
	② 항공업무의 안전한 수행을 저해할 수 있는 두부 손상 및 그 후유증이 없어야 한다.	

8. 운동기 계통	뼈·관절·근육·건 또는 관련 구조에 항공업무의 안전한 수행을 저해하는 이상이 없어야 한다.	

9. 신장· 비뇨· 생식기계 통	① 신장질환이나 비뇨생식기계 질환이 없어야 한다. 단 항공업무의 안전한 수행을 저해하지 않는다고 판단된 경우는 예외로 할 수 있다. ② 신장 또는 비뇨생식기계 질환이나 수술의 후유증, 특히 협착이나 압박에 의한 폐쇄증상이 없어야 한다. 단, 협회의 자문에 따라 항공업무의 안전한 수행을 저해하지 않는다고 판단한 경우는 예외로 할 수 있다. ③ 신적출술의 기왕력이 없어야 한다. 단, 수술의 부작용이 없는 경우에는 예외로 할 수 있다. ④ 항공업무의 안전한 수행을 저해하는 부인과질환이 없어야 한다. ⑤ 임신하고 있지 않아야 한다. 다만, 항공업무에 지장을 초래할 염려가 없는 경우에는 예외로 할 수 있다. ⑥ 임신 중 조기분만이나 기타 임신합병증에 대비한 시기적절한 교체가 이루어질수 있도록 조치가 이루어져야 한다. ⑦ 분만 또는 임신중단 후 해당 항공업무를 안전하게 수행할 수 있다고 판단된 경우에 항공업무를 수행할 수 있다.	
10. 눈	-	
11. 이비인 후과	① 코, 구강 또는 상기도에 항공업무의 안전한 수행을 저해하는 기형이나 질환이 없어야 한다. ② 무선통신장애를 초래하는 심한 말더듬이나 언어장애가 없어야 한다.	

12. 시기능	① 안구 또는 안구 부속기에 항공업무의 안전한 수행을 저해할 수 있는 질환과 수술 및 상해로 인한 후유증이 없어야 한다.
	② 각안의 원거리 시력이 0.7이상이고 양안시력이 1.0이상이어야 한다. 단, 교정하여 기준에 부합하는 경우는 다음의 조건을 만족시켜야 한다.
	  1. 각 눈이 교정하여 0.7 이상의 원거리 시력이 있어야한다.
	  2. 항공업무 수행시 교정안경을 착용하여야 하며 동시에 예비의 안경을 휴대해야 한다.
	③ 각안이 30cm에서 50cm까지의 임의의 시거리에서 근거리 시력표(30cm 시력용)의 0.5 이상의 시표를 판독할 수 있고, 100cm의 거리에서 N14 도표나 그에 상응하는 것의 0.5 이상의 중거리 시표를 판독할 수 있어야 한다. 단, 교정하여 기준에 부합하는 경우는 다음의 조건을 만족시키는 한 쌍의 상용안경을 착용하고 예비의 안경을 휴대해야 한다.
	  1. 근거리 교정과 제2항의 원거리 교정이 필요한 경우, 2중 혹은 다초점 렌즈를 사용하여 안경을 벗을 필요 없이 동시에 근거리·원거리를 볼 수 있도록 한다.
	  2. 근거리 교정만 필요한 경우, 반월형 렌즈(look-over)를 사용하여 원거리 시력이 손상되지 않도록 한다.	

12. 시기능 (계속)	④ 눈 굴절상태에 영향을 주는 수술을 받지 아니하여야 한다. 다만, 항공업무의 안전한 수행을 저해하지 않는 후유증이 없는 경우는 예외로 한다. ⑤ 정상적인 시야를 가져야 한다. ⑥ 다음의 조건을 만족시키는 정상적인 양안 시기능을 가져야 한다. 　1. 현성사시가 없어야 한다. 　2. 잠복사시 또는 사위에서 아래의 기준이하의 사시각을 가져야 한다. 　　가. 상사시(위)는 1프리즘디옵터 　　나. 내사시(위), 외사시(위)는 6프리즘디옵터 ⑦ 근거리 시력을 방해하지 않는 입체시의 감소와 폭주부전(輻輳不全: abnormal convergence), 또한 안정피로(眼精疲勞: 눈을 계속 쓰는 일을 할 때 눈이 느끼는 증세)와 복시를 동반하지 않는 융상작용(融像作用:두 눈에 비치는 외계의 물체상을 합치시키는 작용)의 이상은 부적합의 원인이 되지 않을 수도 있다. ⑧ 색각이 정상이어야 한다. 단 <별표2 항공신체검사 항목별 검사방법 등>의 제8목 시기능 색각검사에 따라 이시하라 색각표 검사와 색각경검사(아노말로스코프) 모두 불합격하는 경우 색각 제한사항을 부여하여 항공신체검사증명서 발급. 아울러 국내외 공인된 기관에서 인정받은 관제실기교관으로부터 신호 등화 실기 시험(signal light test)을 통과하는 경우에는 색각 제한사항을 부과하지 않고 항공신체검사증명서 발급.
13. 청력	규칙 별표 9의 기준을 충족하지 못하는 경우에는 다음에 해당할 것 　1. 전형적인 항공교통관제환경에서의 대화 및 신호음 등을 각색한 소음을 배경으로 항공관련 어구의 대화음을 올바르게 들을 수 있을 것. ※ 배경소음의 주파수는 600Hz~4800Hz의 음성 주파수 범위로 정의한다.

2) 제2종 항공신체검사기준에 관한 세부사항

(제3종에 추가되거나 상이한 사항만 제시, 다음에 명시되지 않은 사항은 제3종과 동일)

검사항목	항공신체검사기준에 관한 세부사항
4. 소화기 계통	항공업무수행을 불가능하게 하는 탈장이 없어야 한다.
8. 운동기 계통	① 척추에 중대한 질환·변형이나 고통을 갖는 질환 또는 변형이 없을 것 ② 척추장애 또는 척추의 질환이나 변형에 의한 사지의 운동기능장애가 없을 것
9. 신장·비뇨·생식기 계통	임신하고 있지 않아야 한다. 다만, 정상 임신인 경우 임신 12주말부터 26주까지 항공업무에 지장을 초래할 염려가 없는 경우는 예외로 할 수 있다.
11. 이비인 후과	① 전정기관 및 중대한 이관기능(유스타키오관 등)의 장애가 없을 것 ② 치유되지 아니하는 고막 천공이 없을 것 ③ 비공에 공기가 통하는 것을 방해할 정도로 비중격(두비공을 분리시키는 막을 말한다)이 굽지 아니하여야 한다. ④ 구강 또는 상기도에 항공업무의 안전한 수행을 저해하는 기형이나 질환이 없어야 한다.
12. 시기능	① 각안의 원거리 시력이 0.5이상이고 양안시력이 0.7이상이어야 한다. 단, 교정하여 기준에 부합하는 경우는 다음의 조건을 만족시켜야 한다. 　1. 각 눈이 교정하여 0.5 이상의 원거리 시력이 있어야 한다. ② 제2종은 100cm 거리에서 N14 도표나 그에 상응하는 중거리 시표에 대한 검사를 실시하지 않는다. ③ 색각이 정상이어야 한다. 단 <별표2 항공신체검사 항목별 검사방법 등>의 제8목 시기능 색각검사에 따라 이시하라 색각표 검사와 색각경검사(아노말로스코프) 모두 불합격하는 경우 색각 제한사항을 부과하여 항공신체검사증명서 발급. 아울러 국내외 공인된 기관에서 인정받은 비행교관으로부터 신호 등화 실기 시험(signal light test)을 통과하는 경우에는 색각 제한사항을 부과하지 않고 항공신체검사증명서 발급.

| 13. 청력 | 규칙 별표 9의 기준도 충족하지 못하는 경우에는 다음에 해당할 것
   1. 항공기조종석에서의 대화 및 신호음 등을 각색한 소음을 배경으로 항공관련 어구의 대화음을 올바르게 들을 수 있을 것.
※ 배경소음의 주파수는 600Hz~4800Hz의 음성 주파수 범위로 정의한다. |

3) 제1종 항공신체검사기준에 관한 세부사항

(제2종에 추가되거나 상이한 사항만 제시, 다음에 명시되지 않은 사항은 제2종과 동일)

검사항목	항공신체검사기준에 관한 세부사항
8. 운동기계통	뼈 또는 관절의 심한 기형, 변형이나 결손 또는 기능장애가 없을 것
12. 시기능	① 각안의 원거리 시력이 1.0이상이고 양안시력이 1.0이상이어야 한다. 단, 교정하여 기준에 부합하는 경우는 다음의 조건을 만족시켜야 한다. 1. 각 눈이 교정하여 1.0 이상의 원거리 시력이 있어야 한다. ② 제1종은 100cm 거리에서 N14 도표나 그에 상응하는 중거리 시표에 대한 검사를 실시한다.

※ 항공 신체검사의 종류

자격증명 종류	신체검사 종류	유효기간		
		40세미만	40세미만	40세미만
운송용 조종사 사업용 조종사	제1종	12개월 (다만, 항공운송사업에 종사하는 60세이상인 자와 1인의 조종사로 승객을 수송하는 항공운송사업에 종사하는 40세 이상인 자는 6개월)		
자가용조종사	제2종	60개월	24개월	12개월
항공관제사	제3종	60개월	24개월	12개월

2. 항공영어 구술능력 등급기준

1) 6등급

발음	발음·강세·리듬 및 억양이 모국어 또는 지역특성에 따라 영향을 받지만 이해하는데 거의 지장이 없다.
문법	간단하거나 복잡한 문법구조를 사용하여 문장패턴이 지속적으로 잘 조절된다.
어휘력	어휘 범위와 정확성이 다양한 주제에 대하여 효과적으로 대화하는데 충분하며, 관용적 표현과 뉘앙스가 있는 감각적인 어휘를 사용한다.
유창성	자연스럽게 힘들이지 않고 긴 문장을 말할 수 있으며, 강조하기 위하여 말의 흐름에 변화를 준다. 자연스럽게 적절한 신호단어를 사용한다.
이해력	이해력이 거의 모든 문맥에서 언어적·문화적인 미묘한 점을 포함하여 전체적으로 정확하다.
응대능력	거의 모든 상황에서 쉽게 응대하고, 관련된 언어 또는 비언어적 암시에 민감하며 적절히 그것에 반응한다.

2) 5등급

발음	발음·강세·리듬 및 억양이 모국어 또는 지역특성에 따라 영향을 받지만 이해하는데 지장을 줄 정도는 아니다.
문법	기본적인 문법구조와 문장패턴이 일괄되게 잘 조절된다. 복잡한 문법구조를 사용하려고 하나, 가끔 의미 전달에 오류가 있다.
어휘력	공통되거나 명확한 업무 관련 주제에 대한 대화에 충분한 어휘력과 정확성이 있으며, 대체로 성공적으로 고쳐 말하기를 한다. 어휘는 때때로 관념적이다.
유창성	익숙한 주제에 대하여 상대적으로 쉽고 길게 말할 수 있으나, 문어체와 같이 말의 흐름에 변화가 없다. 적절한 신호단어를 사용한다.
이해력	업무와 관련된 주제에 대한 대화는 구체적이고 정확하며, 언어상 상황이 복잡하거나 예상하지 못한 상황에 대하여 화자가 거의 정확한 언어를 구사한다. 다양한 화두의 범위(방언/억양)를 이해할 수 있다
응대능력	즉시, 적절히 응대하고 정보를 전달한다. 듣는 사람과 말하는 사람의 관계를 효과적으로 관리한다.

3) 4등급

발음	발음·강세·리듬 및 억양이 모국어 또는 지역 특성에 따라 영향을 받고 간혹 이해하는데 방해를 받는다.
문법	기본적인 문법구조와 문장패턴이 독창적으로 사용되고, 일반적으로 잘 조절되나 일상적이지 않거나 예상하지 못한 상황에서는 오류가 있을 수 있으며, 드물게 의미 전달에 방해가 된다.
어휘력	공통되고 명확한 업무 관련 주제에 대한 대화는 충분한 어휘와 정확성이 있으나, 일상적이지 않거나 예상되지 않는 상황에서는 어휘력이 부족하여 자주 고쳐 말하기를 한다.
유창성	적절한 속도로 장황하게 말하여, 다시 말하는 과정이나 무의식적인 대응에 대한 공식적인 연설 시에는 유창함이 떨어지지만 효과적인 대화를 하는 데 방해를 받지는 않는다. 신호단어를 한정하여 사용한다. 삽입어가 혼란을 주지는 않는다.
이해력	사용된 강세나 변화가 국제 사용자들이 충분히 알아들을 수 있는 수준이며, 공통되고 명확한 업무 관련 주제에 대한 이해력은 대체로 정확하다. 화자가 언어적 또는 상황적으로 복잡한 상태이거나 예상하지 못한 대답 상황에서는 이해력이 느려지거나 확실하게 하기 위한 방법이 요구된다.
응대능력	대체로 즉시 응대하고 정보를 전달한다. 기대하지 않은 대화에서도 대화를 시작하거나 유지할 수 있다. 확인을 통하여 잘못 이해한 부분을 명확히 할 수 있다.

3. 관제실 장비

구분	장비명	기능
레이더	레이더 화면 현시기	항공기의 공항 주변 비행 상황을 모니터할 수 있는 장비. (Certified Tower Radar Display)
통신장비	무선통신 장비	초단파 및 극초단파 주파수로 조종사와 통신하기 위한 무선통신장비.
통신장비	데이터 통신장비	조종사와 관제사 간 음성통신이 아닌 문자통신(데이터통신)을 하기 위한 장비 통신 속도가 빠르고, 눈으로 문자를 확인함에 따라 영어 발음 또는 청취력이 부족하여 생기는 의사전달 오류가 획기적으로 줄어든다.
기상장비	기상정보	풍향, 풍속, 시정, 활주로가시거리, 안개나 눈, 비 등의 존재와 그 상태(sky condition), 구름의 양과 형태 및 밑바닥 높이, 기온, 노점온도 등 활주로 주변의 기상정보를 관제사가 항상 볼 수 있게 전시하는 장비
기상장비	저고도 윈드시어 경고장치	활주로 인근 지역의 저고도 윈드시어를 탐지하는 장비. 이 장비에서 경고가 발생되면 지체없이 그 사실을 이착륙하는 항공기 조종사에게 알려주어 주의토록 한다.
지상 감시장비	공항지상 감시장비	공항 내 지상의 항공기와 차량의 위치와 이동상황을 확인하는데 이용되는, 레이더와 유사하게 생긴 장비. 야간이나 안개, 비, 눈 등으로 관제사가 육안으로 멀리 볼 수 없을 때 요긴하게 이용
항행 안전시설	항행안전무선시설 제어장치	활주로 양쪽에 설치된 항행안전무선시설을 활주로 사용방향에 따라 전환하는 장치
항행 안전시설	항행안전무선시설 감시장치	활주로 주변에 설치된 전방향표지시설(VOR) 등의 항행안전무선시설의 작동상태를 모니터
항행 안전시설	항공등화시설 조절장치	활주로와 유도로, 착륙비행로 인근 등에 설치된 각종 공항등화시설을 켜거나 끄거나 밝기를 조절할 수 있는 스위치 패널

공항정보	공항정보방송(ATIS)장치	공항의 사용 활주로방향, 풍향, 풍속, 시정, 활주로가시거리, 안개나 눈, 비 등의 존재와 그 상태(sky condition), 구름의 양과 형태 및 밑바닥 높이, 기온, 노점온도, 주의사항 등의 정보를 관제사가 입력시켜 자동으로 반복 방송하는 장비. 특별한 상황변화가 없는 한 매 30분마다 갱신된다.
대화녹음장치	녹음장치	관제사와 조종사 간 주고받는 모든 음성통신 내용, 공항정보방송(ATIS) 내용을 녹음하여 30일 이상 보존하는 장비. 관제사와 조종사 간 무선통신 중 의사전달 오류가 생기거나 또는 항공기 사고 발생 시 조사목적으로 요긴하게 사용된다.
비상대비	쌍안경	활주로 끝 부분 등 관제사의 육안으로 보기 어려운 먼 곳을 보거나 이착륙하는 항공기의 상태를 관찰하는데 사용
	비상출동 스위치	항공기 비상착륙, 화재 등 발생 시 소방차와 구급차를 긴급 출동시키기 위한 비상벨 스위치를 관제탑에 설치. 관제사가 이 스위치를 작동시키면 비상항공기가 착륙하기 전에 소방차와 구급차를 미리 활주로 부근에 출동시켜 대기토록 할 수 있다.
	빛 총 (Light gun)	항공기의 무선통신장비가 고장난 경우, 조종사에게 관제지시를 전달하기 위해 사용되는 비상통신장비. 무선통신장비가 고장난 항공기 조종사는 이착륙시 항상 관제탑을 바라보고 있다가 관제탑에서 보내는 적색, 녹색 또는 백색의 빛총 신호에 따라 착륙, 복행, 이륙, 정지 등을 해야 하며, 이에 대한 응답으로 조종사는 항공기 기체를 흔들거나, 착륙등을 깜박이거나, 지상에서는 방향타를 움직인다.

4. 우리나라의 항공기 기종별 제원

구분	기종	좌석수	최대이륙중량(톤)	항속시간	순항속도	길이/폭	활주거리 이륙	활주거리 착륙
소형기	B737-500	132	60	5:35	798	31.1	2,013	1,469
	B737-400	168	68	5:20	798	36.5	2,551	1,610
	B737-800	189	79	6:55	828	39.5	2,777	1,630
	B737-900	188	85	6:10	823	42.1	2,481	1,703
	A320-200	180	78	7:10	828	37.57	2,090	1,600
	A321-200	220	94	6:45	828	44.5	2,310	1,650
중형기	B767-300	269	159	8:40	851	54.9	2,410	1,823
	A300-600	266	172	8:35	875	54.0	2,400	1,458
대형기	B747-400	418	389	14:45	912	70.6	3,155	2,067
	B747-400F	화물	395	9:10	908	70.6	3,231	2,186
	B777-200	400	247	10:40	905	60.9	2,928	1,588
	B777-300	451	299	12:20	905	60.9	3,347	1,824
	A330-200	293	230	15:25	871	58.8	2,200	1,700
	A330-300	335	235	12:25	871	63.7	2,500	1,859
	A330-600	419	368	16:15	881	75.3	3,100	1,860

5. 항공기 안전거리 기준

상황별	안전거리 기준
① 활주로에서 연속이륙할 때	앞 항공기가 이륙 후 활주로 종단을 통과하거나 충돌회피를 위해 선회해야 뒤 항공기가 이륙활주 개시 가능. - 계기비행 시에는 이륙 후 즉시 진로가 45도 이상 분기될 때에는 진로가 분기될 때까지 1분 이상, 이륙 후 5분 이내에 진로가 분기될 때에는 진로가 분기될 때까지 2분 이상, 이륙 후 24km 이내에 진로가 분기될 때에는 진로가 분기될 때까지 5.5km 이상의 안전거리를 유지하여 이륙 - 선행항공기의 속도가 후행 항공기 보다 시속 81.4km 이상 빠를 때에는 3분 또는 9.3km 이상, 선행항공기의 속도가 후행 항공기 보다 시속 40.7km 이상 빠를 때에는 5분 또는 18.5km 이상의 안전거리를 유지하여 이륙
② 활주로에서 연속착륙할 때	앞서 착륙하는 항공기가 활주로를 빠져 나가야 뒤따르는 항공기가 착륙활주로 시단을 통과 가능
③ 활주로에서 다른 항공기가 이륙한 다음 착륙할 때	이륙한 항공기가 활주로 종단을 통과해야 착륙하는 항공기가 활주로 시단을 통과 가능
④ 활주로에 다른 항공기가 착륙한 다음 이륙할 때	앞서 착륙하는 항공기가 활주로를 빠져 나가야 뒤 항공기가 이륙 활주를 개시 가능
⑤ 대형 항공기 이륙시	대형 제트항공기 이륙 후 뒤따라 이륙하는 항공기는 2분 내지 4분이 지난 후 이륙 가능
⑥ 다른 항공기의 고도를 통과하여 상승 또는 강하할 때	3분 또는 9.3km (상황에 따라 5분/18.5km 또는 10분/37km 적용)
⑦ 관제사가 항공기의 위치를 레이더로 보며 관제할 때	레이더 안테나로부터 74km 미만일 때에는 5.5km 이상, 레이더 안테나로부터 74km 이상일 때에는 9.3km 이상의 안전거리를 유지

6. 국내 항공사고 현황

일시	사고내용
1976.8.2	대한항공 642편 추락 사고 (B707) 화물기가 이란 테헤란 공항 이륙후 산악추락 / 5명 사망
1978.4.20	대한항공 902편 격추 사건 (B707) 소련 무르만스크에서 항로 이탈로 피격 비상착륙 / 2명 사망
1980.11.19	대한항공 015편 착륙 사고 (B747) 김포공항에 착륙중 뒷바퀴 파손으로 동체 활주 / 16명 사망
1983.9.1	대한항공 007편 격추 사건 (B747) 소련 사할린 부근에서 소련 전투기에 피격 / 269명 사망
1987.11.29	대한항공 858편 폭파 사건 (B707) 미얀마 안다만 해상에서 북한 공작원에 의해 공중 폭파 / 115명 사망
1989.7.27	대한항공 803편 추락 사고 (DC-10) 리비아 트리폴리 공항에 착륙중 지상 충돌 / 79명 사망
1993.7.26	아시아나항공 733편 추락 사고 (B737) 목포공항 접근 중 전남 해남군 야산에 추락 / 68명 사망, 44명 부상
1994. 8.10	대한항공 2033편 활주로 이탈 사고 (A300) 제주공항에 착륙중 담장과 충돌해 화재 발생 / 9명 부상
1997.8.6	대한항공 801편 추락 사고 (B747) 미국 괌공항에 착륙중 야산에 추락 / 228명 사망
1999.4.15	대한항공 6316편 추락 사고 (MD-11F) 중국 상하이공항에서 이륙 직후 추락 / 8명 사망 41명 부상
1999.12.22	대한항공 8509편 추락 사고 (B747) 영국 스텐스테드 공항에서 이륙후 추락 / 4명 사망
2011.7.28	아시아나항공 991편 추락 사고 (B747) 화물기가 제주해상에 추락 / 2명 사망
2013. 7. 7	아시아나항공 214편 추락 사고 (B777) 샌프란시스코 공항에 착륙중 사고 / 3명 사망

7. 연도별 운항실적

연도별	구분	운항편	여객수(명)
2018	전체	691,523	118,490,493
	국적사	524,690	91,273,049
	외항사	166,833	27,217,444
2017	전체	653,657	110,418,531
	국적사	497,211	85,904,545
	외항사	156,446	24,513,986
2016	전체	629,859	104,890,078
	국적사	464,495	78,956,163
	외항사	165,364	25,933,915
2015	전체	570,597	90,238,814
	국적사	420,486	68,106,765
	외항사	150,111	22,132,049
2014	전체	536,586	82,133,482
	국적사	391,043	60,788,552
	외항사	145,538	21,344,930
2013	전체	500,739	73,965,044
	국적사	375,144	56,145,585
	외항사	125,595	17,819,459

2012	전체	469,354	69,857,266
	국적사	355,775	53,874,897
	외항사	113,579	15,982,369
2011	전체	432,069	64,127,716
	국적사	328,216	49,538,896
	외항사	103,853	14,588,820
2010	전체	403,297	60,732,944
	국적사	307,880	47,237,514
	외항사	95,417	13,495,430

8. 외국정부 등 항공안전우려국 지정현황

국가	ICAO 우려국 (20.12.9 기준) (8개국)	FAA 2등급 (20.7.15 공시) (14개국)	EU 블랙리스트 20.12.8 공시 (24개국)	비 고 (EU 리스트 상세내역)
가나		●		
그레나다	○	●		
나이지리아			A	1개사(MED - VIEW AIRLINE)
네팔			A	20개사(AIR DYNASTY HELI.S 등)
도미니카		●		
라이베리아			A	모든 항공사
리비아			A	8개사(AFRIQIYAH AIRWAYS 등)
말레이시아		●		
몰도바			A	7개사(AIM AIR 등)
방글라데시		●		

국가	ICAO 우려국 (20.12.9 기준) (8개국)	FAA 2등급 (20.7.15 공시) (14개국)	EU 블랙리스트 20.12.8 공시 (24개국)	비 고 (EU 리스트 상세내역)
베네수엘라		●	A	1개사(AVIOR AIRLINES)
부탄	○			
북한			B	일부제한(AIR KORYO)
상투메 프린시페			A	2개사(AFRICA'S CONNECTION 등)
세인트 루치아	○	●		
세인트 빈센트	○	●		
세인트 키츠	○	●		
수단			A	12개사(ALFA AIRLINES SD 등)
수리남			A	1개사(BLUE WING AIRLINES)
시에라리온			A	모든 항공사
아르메니아			A	7개사(AIRCOMPANY ARMENIA 등)
아프가 니스탄			A	2개사(ARIANA AFGHAN AIRLINES 등)
안티구아	○	●		
앙골라			A	7개사(AEROJET 등)
에리트레아	○		A	2개사(ERITREAN AIRLINES 등)
이라크			A	1개사(IRAQI AIRWAYS)
이란			A	1개사(IRAN ASEMAN AIRLINES)
이란			B	일부제한(IRAN AIR)
적도기니			A	2개사(CEIBA INTERCONTINENTAL 등)
지부티			A	1개사(DAALLO AIRLINES)

국가	ICAO 우려국 (20.12.9 기준) (8개국)	FAA 2등급 (20.7.15 공시) (14개국)	EU 블랙리스트 20.12.8 공시 (24개국)	비 고 (EU 리스트 상세내역)
짐바브웨				
코모로스				
코스타리카		●		
콩고공화국			A	5개사(CANADIAN AIRWAYS CONGO 등)
콩고민주 공화국			A	10개사(AIR FAST CONGO 등)
큐라소		●		
키르기 즈스탄			A	5개사(AIR MANAS 등)
태국		●		
파키스탄	○	●		

* ICAO SSC: Significant Safety Concern
* The EU Safety List
 - Category A : 해당국가에 해당하는 항공사 모두 제한(일부 항공사 제외 포함)
 - Category B : 제한적 운항허용(특정 항공사 일부기종 또는 일부 항공사만 해당)

감수 및 자료 협조에 도움을 주신 분들

- 강정현 | 국토교통부 항공안전정책과 항공사무관
- 김광옥 | 한국항공협회 총괄 본부장
- 김광삼 | 대한항공 부장 · 운항관리사
- 권영민 | 국토교통부 항공보안과 주무관
- 권영중 | 前 서울지방항공청 항공검사과장
- 박항규 | 국제항행안전연구소장 · 前 ICAO 항행위원
- 송진서 | 대한항공 부장
- 안휘병 | 수성엔지니어링 사장 · 전 서울지방항공청 안전운항국장
- 이　용 | 대한항공 조종사 · B777 기장
- 최승철 | 국토교통부 부산지방항공청 공항안전과장

참고문헌과 자료

고광남·소대섭, 『항공보안론』(백산출판사, 2006).
국립항공박물관, 「항공의 날 유래와 의미」, 2018.
국토교통부, 『고정익항공기를 위한 운항기술기준』(국토교통부, 2014).
국토교통부, 「항공시장동향」(국토교통부, 2015).
국토해양부, 「항공아카데미」(국토해양부, 2011).
국토교통부, 「항공정책업무편람」(국토교통부, 2015).
국토교통부, 『항공종사자 표준교재』(국토교통부, 2020).
국토교통부 항공자격과, 『항공정비사 표준교재: 항공정비 일반』, 「11 - 8 인적 요인의 역사」(성진문화, 2015).
국토해양부, 『항공정책론』(백산출판사, 2011).
국토해양부, 『2008 항공안전감독활동백서』(㈜이문기업, 2009).
김백순, 『항공 제대로 알면 세계가 보인다』(한국홍보연구소, 2008).
대한민국항공회, 『항공문화 가을편』(대한민국항공회, 2011).
대한민국항공회, 『항공문화 봄편』(대한민국항공회, 2013).
부산지방항공청, 『우리들 이야기 - 2012년 1월호』(부산지방항공청, 2012).
신동춘, 『항공운송정책론』(선학사, 2001).
이구희, 「국내외 항공안전관련 기준에 관한 비교연구」(한국항공대학교 대학원, 2015).
이근영 · 조일주, 『하늘, 비행기, 그리고 사람들』(준커뮤니케이션즈, 2015).
윤문길 · 이휘영 · 윤덕영 · 이원식, 『항공운송서비스경영』(한경사, 2008).
정용진, 『일선 조종사 이야기』, (가이아의어깨, 2017).
㈜키스컴, 『무인항공기 운영자를 위한 항공개론』(㈜키스컴, 2014).
㈜키스컴, 『무인항공기 운영자를 위한 항공법, 안전규정』(㈜키스컴, 2014).
㈜키스컴, 『무인항공기 운영자를 위한 항공역학, 항공기상』(㈜키스컴, 2014).
한국교통연구원, 「항공종사자 인력수급전망 기초조사」, 2018.
한국능률협회미디어, 『국민행복의 나래 인천공항』(KMA 미디어, 2015).
한국항공대학교 비행교육원, 『초경량비행장치 항공기상』(한국항공대학교 비행교육원,

2015)

한국항공진흥협회, 「운항, 관제, 안전제도개선」《제9회 항공안전세미나》, 2007.

한국항공진흥협회, 「항공사고사례연구」, 2007.

한국항공진흥협회, 『항공진흥』(한국항공진흥협회, 2015)

한국항공진흥협회, 『항공진흥 - 2010년 제3호』(항공진흥협회, 2010).

한국항공진흥협회, 『항공통계 국내편』(경성문화사, 2015).

한국항공진흥협회, 『2012 항공연감』(경성문화사, 2012).

한국항공협회, 『포켓항공현황』(한국항공협회, 2019).

한국항공협회, 『포켓항공현황』(한국항공협회, 2021).

김미경, "항공정비(MRO)산업의 미래", 디지털타임즈, 2021년 12월 4일 접속, http://www.dt.co.kr/contents.html?article_no=2018040202101857044001

김태현, "'평시엔 무난, 전시엔 불안' 항공전문가들이 본 롯데월드타워", 일요신문, 2021년 12월 4일 접속,

https://ilyo.co.kr/?ac=article_view&entry_id=245323

이아경, "항공안전, 규제·처벌 아닌 조직 문화 개선으로 해결해야", 뉴스토마토, 2021년 12월 4일 접속,

http://www.newstomato.com/ReadNewspaper.aspx?no=905913

인천국제공항공사 스마트공항팀, "집에서 미리 짐 맡기고 탑승권, 여권 없이 얼굴인식 한 번으로 출국심사 끝!!! '5 No' 스마트 인천공항 시대가 열린다", 인천국제공항공사, 2021년 12월 4일 접속,

https://www.airport.kr/co/ko/cmm/cmmBbsView.do?PAGEINDEX=1&SEARCH_STR=&FNCT_CODE=121&SEARCH_TYPE=&SEARCH_FROM=2017.08.09&SEARCH_TO=2018.08.09&NTT_ID=23145

온라인 참고자료 (각주)

35p. 이유나, "박소담 '기생충'팀 오스카 트로피 공항 검색대에 걸려", 조선일보, 2021년 12월 4일 접속,
https://www.chosun.com/entertainments/entertain_photo/2020/12/05/TIYSKMN3ZPJ6ZF346TJDZ5MJXI/

38p. 서정표, "아시아나 '항공권 바꿔치기' 회항 …100달러씩 보상", MBN뉴스, 2021년 12월 4일 접속,
https://www.mbn.co.kr/vod/programView/1092249

54p. 영종, "활주로 포장두께는 105cm, 경부고속도로는 40cm", 영종의 항공이야기(블로그), 2021년 12월 4일 접속,
https://blog.naver.com/rits/31148840

58p. 영종, "활주로 고무퇴적물 제거작업", 영종의 항공이야기(블로그), 2021년 12월 4일 접속,
https://blog.naver.com/rits/192536298

60p. "에어프랑스 4590편 추락 사고", wikipedia, 2021년 12월 4일 접속,
https://ko.wikipedia.org/wiki/%EC%97%90%EC%96%B4%ED%94%84%EB%9E%91%EC%8A%A4_4590%ED%8E%B8_%EC%B6%94%EB%9D%BD_%EC%82%AC%EA%B3%A0

60p. 전지혜, "제주공항 착륙 제주항공 여객기 이동중 타이어 터져", 연합뉴스, 2021년 12월 4일 접속,
https://www.yna.co.kr/view/AKR20181016075851056

61p. 강갑생, "비행기 폭발, 109명 전원 사망… 쇳조각 하나가 부른 참사", 중앙일보, 2021년 12월 4일 접속,
https://www.joongang.co.kr/article/23463322#home

74p. "항공기상", doopedia, 2021년 12월 4일 접속,
https://www.doopedia.co.kr/doopedia/master/master.do?_method=view&MAS_IDX=101013000867567

79p. "Lockheed L188 Electra", aviation safety Network, 2021년 12월 4일 접속,
https://aviation-safety.net/database/record.php?id=19601004-0
79p. "US Airways Flight 1549", wikipedia, 2021년 12월 4일 접속,
https://en.wikipedia.org/wiki/US_Airways_Flight_1549
97p. 박상용, "KAI, 사천에 국내최대 항공기 구조시험동 준공", 한국경제신문, 2021년 12월 4일 접속,
https://www.hankyung.com/economy/article/2018053154491
104p. "Fly-by-wire", wikipedia, 2021년 12월 4일 접속,
https://ko.wikipedia.org/wiki/%ED%94%8C%EB%9D%BC%EC%9D%B4_%EB%B0%94%EC%9D%B4_%EC%99%80%EC%9D%B4%EC%96%B4
123p. 유용원, "항공기 동체", 유용원의 군사세계, 2021년 12월 4일 접속,
https://bemil.chosun.com/site/data/html_dir/2018/02/14/2018021401624.html?related_all
128p. "비행기에는 어떤 소재가 사용될까?", KAI(블로그), 2021년 12월 4일 접속,
https://koreaaero.tistory.com/63
129p. 신은진, "여객기의 새 역사… 보잉787, 알루미늄 벗고 탄소섬유를 입다", 조선비즈, 2021년 12월 4일 접속,
http://nsearch.chosun.com/article.html?id=2011092900240&site=chosunbiz&site_url=http%3A%2F%2Fbiz.chosun.com%2Fsite%2Fdata%2Fhtml_dir%2F2011%2F09%2F29%2F2011092900240.html&m_site_url=https%3A%2F%2Fm.biz.chosun.com%2Fsvc%2Farticle.html%3Fcontid%3D2011092900240
152p. 신은진, "안전벨트, 중력의 16배까지 버텨… 출들 땐 벨트 맨 채 몸 웅크려야", 조선일보, 2021년 12월 4일 접속,
https://www.chosun.com/site/data/html_dir/2013/07/10/2013071000084.html
154p. 이선목, "비행기 불타는데 짐 찾느라… 참사 커졌다", 조선일보, 2021년 12월 4일 접속,
https://www.chosun.com/site/data/html_dir/2019/05/08/2019050800684.html
162p. 김동규, "프놈펜行 아시아나기, 승객이 비상문 열려 시도해 회항", 연합뉴스, 2021년 12월 4일 접속,
https://www.yna.co.kr/view/AKR20190928025100003

163p. 서울신문 온라인뉴스부, "대한항공 기내 난동 피의자 '이 형 센스가 없네'라며 옆자리 승객 폭행", 서울신문, 2021년 12월 4일 접속,
https://www.seoul.co.kr/news/newsView.php?id=20161221500146&wlog_tag3=naver
164p. 강갑생, "日관제권 가진 韓하늘길, 항공기 '30초 거리' 충돌할뻔", 중앙일보, 2021년 12월 4일 접속,
https://www.joongang.co.kr/article/23550661#home
175p. 김민범, "아시아나, 8살 응급환자 위해 '긴급 회항'… 신속 조치로 위기 넘겨", 동아일보, 2021년 12월 4일 접속,
https://www.donga.com/news/Culture/article/all/20190806/96851492/1
177p. "폴란드 공군 Tu - 154 추락 사고", wikipedia, 2021년 12월 4일 접속,
https://ko.wikipedia.org/wiki/%ED%8F%B4%EB%9E%80%EB%93%9C_%EA%B3%B5%EA%B5%B0_Tu-154_%EC%B6%94%EB%9D%BD_%EC%82%AC%EA%B3%A0
185p. "Kármán line", wikipedia, 2021년 12월 4일 접속,
https://en.wikipedia.org/wiki/K%C3%A1rm%C3%A1n_line
186p. 신아형, "英 억만장자 브랜슨 회장, 첫 우주관광 시범비행 성공", 동아일보, 2021년 12월 4일 접속,
https://www.donga.com/news/article/all/20210712/107901464/1
200·202·203p. iSkylover, "항공기와 바람", iSkylover(블로그), 2021년 12월 4일 접속,
https://www.iskylover.com/179
207p. "Turbulence", wikipedia, 2021년 12월 4일 접속,
https://en.wikipedia.org/wiki/Turbulence
216p. "Hail", wikipedia, 2021년 12월 4일 접속,
https://en.wikipedia.org/wiki/Hail
216p. 푸른하늘 편집부, "화산재가 항공기에 치명적인 이유!", 사이언스타임즈, 2021년 12월 4일 접속, https://www.sciencetimes.co.kr/news/%ed%99%94%ec%82%b0%ec%9e%ac%ea%b0%80-%ed%95%ad%ea%b3%b5%ea%b8%b0%ec%97%90-%ec%b9%98%eb%aa%85%ec%a0%81%ec%9d%b8-%ec%9d%b4%ec%9c%a0/

217p. 이호일, "봄철 황사가 항공기 운항에 미치는 영향", 메트로미디어, 2021년 12월 4일 접속,
https://www.metroseoul.co.kr/article/2015041200068

230p. "저먼윙스 9525편 추락 사고", wikipedia, 2021년 12월 4일 접속,
https://ko.wikipedia.org/wiki/%EC%A0%80%EB%A8%BC%EC%9C%99%EC%8A%A4_9525%ED%8E%B8_%EC%B6%94%EB%9D%BD_%EC%82%AC%EA%B3%A0

233p. "아시아나항공 214편 착륙 사고", wikipedia, 2021년 12월 4일 접속,
https://ko.wikipedia.org/wiki/%EC%95%84%EC%8B%9C%EC%95%84%EB%82%98%ED%95%AD%EA%B3%B5_214%ED%8E%B8_%EC%B0%A9%EB%A5%99_%EC%82%AC%EA%B3%A0

234p. "대한항공 2033편 활주로 이탈 사고", wikipedia, 2021년 12월 4일 접속,
https://ko.wikipedia.org/wiki/%EB%8C%80%ED%95%9C%ED%95%AD%EA%B3%B5_2033%ED%8E%B8_%ED%99%9C%EC%A3%BC%EB%A1%9C_%EC%9D%B4%ED%83%88_%EC%82%AC%EA%B3%A0

236p. 신은진, "하늘길도 음주 단속", 조선비즈, 2021년 12월 4일 접속,
https://biz.chosun.com/site/data/html_dir/2019/07/02/2019070200015.html

238p. 윤진섭, "아시아나항공 낙뢰사고, 조종사 과실 컸다", 이데일리, 2021년 12월 4일 접속,
https://www.edaily.co.kr/news/read?newsId=01662966579950928&mediaCodeNo=257

250p. 김윤구, "'항공 승무원은 안전요원' 기내방송 내보낸다", 연합뉴스, 2021년 12월 4일 접속,
https://www.yna.co.kr/view/AKR20150128074000003

256p. 전예진, "안전운항 파수꾼 '대한항공 종합통제센터' 가보니…80인치 스크린에 항공기 상태 실시간 추적", 한국경제신문, 2021년 12월 4일 접속,
https://www.hankyung.com/news/article/2013072849031

257p. 김민소, "비행기의 운항을 결정하는 날씨", 기상청(블로그), 2021년 12월 4일 접속,

https://blog.naver.com/PostView.naver?blogId=kma_131&logNo=222389966113&parentCategoryNo=&categoryNo=8&viewDate=&isShowPopularPosts=false&from=postView

272p. 류종은, "대한항공 15년 무사고 비결은 '안전보안실'", News 1, 2021년 12월 4일 접속,

https://www.news1.kr/articles/?1749775

274p. 김필규, "잇단 사고… 항공기, 여전히 가장 안전한가?", JTBC, 2021년 12월 4일 접속,

https://news.jtbc.joins.com/article/article.aspx?news_id=NB10828557

275p. 김종화, "왜 비행기사고는 났다하면 전원 사망인가요?", 아시아경제, 2021년 12월 4일 접속,

https://www.asiae.co.kr/article/2019032614400183949

275p. "대한항공 858편 폭파 사건", wikipedia, 2021년 12월 4일 접속,

https://ko.wikipedia.org/wiki/%EB%8C%80%ED%95%9C%ED%95%AD%EA%B3%B5_858%ED%8E%B8_%ED%8F%AD%ED%8C%8C_%EC%82%AC%EA%B1%B4

275p. "대한항공 007편 격추 사건", wikipedia, 2021년 12월 4일 접속,

https://ko.wikipedia.org/wiki/%EB%8C%80%ED%95%9C%ED%95%AD%EA%B3%B5_007%ED%8E%B8_%EA%B2%A9%EC%B6%94_%EC%82%AC%EA%B1%B4

275p. "대한항공 801편 추락 사고", wikipedia, 2021년 12월 4일 접속,

https://ko.wikipedia.org/wiki/%EB%8C%80%ED%95%9C%ED%95%AD%EA%B3%B5_801%ED%8E%B8_%EC%B6%94%EB%9D%BD_%EC%82%AC%EA%B3%A0

280p. 정영교, "김여정 태우고 '깜깜이 비행'… 고려항공 하늘길 11년 막은 EU", 중앙일보, 2021년 12월 4일 접속,

https://www.joongang.co.kr/article/24074212#home

280p. 박예원, "바퀴 펑크난 여객기, 이스라엘 공항에 무사히 착륙", KBS, 2021년 12월 4일 접속,
https://news.kbs.co.kr/news/view.do?ncd=4233335
296p. 박대순, "비거", 한국민족문화대백과사전, 2021년 12월 4일 접속,
http://encykorea.aks.ac.kr/Contents/Item/E0025077
296p. 채연석, "신기전", 한국민족문화대백과사전, 2021년 12월 4일 접속,
http://encykorea.aks.ac.kr/Contents/Item/E0032719
299p. 최영식, "안창남", 한국민족문화대백과사전, 2021년 12월 4일 접속,
http://encykorea.aks.ac.kr/Contents/Item/E0035048
308p. 한국항공우주연구원 홍보실, "고고도 태양광 무인기 성층권 비행 시험 성공 보도자료", 한국항공우주연구원, 2021년 12월 4일 접속,
https://www.google.co.kr/url?sa=t&rct=j&q=&esrc=s&source=web&cd=&ved=2ahUKEwjV77Da1r_0AhVRIFYBHRXWBUEQFnoECAcQAQ&url=https%3A%2F%2Fwww.kari.re.kr%2Fcmm%2Ffms%2FFileDown.do%3FatchFileId%3DFILE_000000000000829%26fileSn%3D0&usg=AOvVaw1LDzk5aZe47rSWWypaUTr2
309p. 이용성, "스페이스X, 우주선 발사 성공… '우주관광 시대' 연 일론 머스크", 조선비즈, 2021년 12월 4일 접속,
https://biz.chosun.com/international/international_economy/2021/09/16/H7FP3CSLIFDWNBIS677ECAHHVQ/
311p. 김봉수, "세계는 '에어택시' 개발 열풍… 10년 늦은 韓, 맹추격 중", 아시아경제, 2021년 12월 4일 접속,
https://www.asiae.co.kr/article/2021081812470898602
312p. 맹대환, "누리호 발사 절반의 성공… 세계 7대 우주강국 한 발짝", 뉴시스, 2021년 12월 4일 접속,
https://www.newsis.com/view/?id=NISX20211021_0001622499

사진 저작권 일람

자료 001 퓨전국악그룹 시아
자료 003
원형검색장비: 국토교통부 /
엑스선검색장비: 상업사진 (Shutterstock 253855852) /
문형금속탐지기: 상업사진 (Shutterstock 191419493) /
휴대용금속탐지장비: 상업사진 (Shutterstock 102823550) /
자료 004 인천국제공항공사
자료 005 국토교통부
자료 006 국토교통부
자료 007 국토교통부
자료 008 국토교통부
자료 011 인천국제공항공사
자료 012 인천국제공항공사
자료 013 인천국제공항공사
자료 014 인천국제공항공사
자료 015 인천국제공항공사
자료 016 Don Ramey Logan (https://en.wikipedia.org/wiki/File:Palm_Springs_International_Airport_photo_D_Ramey_Logan.jpg)
자료 017 국토교통부
자료 018 국토교통부
자료 019 국토교통부
자료 020 안나(토일렛프레스)
자료 021 좌: 국토교통부 / 우: 정재우(토일렛프레스)
자료 022 좌: 국토교통부 / 우: 정재우(토일렛프레스)
자료 023 좌: 국토교통부 / 우: 정재우(토일렛프레스)
자료 024 좌: 국토교통부 / 우: 정재우(토일렛프레스)
자료 025 정재우(토일렛프레스)
자료 026 좌: 국토교통부 / 우: 상업사진 (Shutterstock 233854675)

자료 027
좌: 상업사진(Shutterstock 233854675) /
우: Visitor7 (https://en.wikipedia.org/wiki/File:Runway_Landing_Light.jpg)
자료 028 인천국제공항공사
자료 031 김포국제공항
자료 032 인천국제공항공사
자료 035 심재홍
자료 036 정재우 (토일렛프레스)
자료 037 안나 (토일렛프레스)
자료 038 국토교통부
자료 039 대한항공
자료 040 Eric Salard (https://en.wikipedia.org/wiki/File:S2-ACR_final_flight_DC10_BHX_FLIGHT_BG8_(12706742413).jpg)
자료 041 public domain
자료 042 좌: public domain / 우: 상업사진 (Shutterstock 207050878)
자료 043 상업사진(Shutterstock 2056247843) 재가공
자료 044 안나 (토일렛프레스)
자료 045 상업사진 (Shutterstock 1703581471) 재가공
자료 046 상업사진 (Shutterstock 1640623882) 재가공
자료 047 Chris Lofting(https://en.wikipedia.org/wiki/File:Iran_Air_Boeing_747-100_Lofting-1.jpg), 재가공
자료 048 Jeff Dahl (https://en.wikipedia.org/wiki/File:Jet_engine.svg)
자료 049 심지선
자료 051 public domain
자료 052
좌: public domain / 우: Florian Lindner (https://en.wikipedia.org/wiki/File:Airbus_A380_Fahrwerk.jpg)
자료 053 public domain
자료 054 public domain
자료 055 Alan D R Brown (https://en.wikipedia.org/wiki/File:Wright_Flyer_AN0231034.jpg)

자료 056 심재홍

자료 057 public domain

자료 058 public domain

자료 059

B247: San Diego Air & Space Museum Archives /

B707: Mike Freer (https://en.wikipedia.org/wiki/File:Boeing_707-321B_Pan_Am_Freer.jpg) /

B720: clipperarctic (https://en.wikipedia.org/wiki/File:Maersk_720B_(6074178893).jpg) /

B727: Iberia Airlines (https://en.wikipedia.org/wiki/File:B-727_Iberia_(cropped).jpg) /

B737: Montague Smith (https://en.wikipedia.org/wiki/File:South_African_Airlink_Boeing_737-200_Advanced_Smith.jpg) /

B747: Iberia Airlines (https://en.wikipedia.org/wiki/File:B-747_Iberia.jpg) /

B757: Konstantin von Wedelstaedt (https://en.wikipedia.org/wiki/File:Monarch_Airlines_Boeing_757-2T7_Innsbruck_Wedelstaedt.jpg) /

B767: Jon Proctor (https://en.wikipedia.org/wiki/File:TWA_Boeing_767-200_N610TW_Proctor.jpg) /

자료 060 국토교통부

자료 061 대한항공

자료 062

조종사의 외부 점검: 상업사진 (Shutterstock 224750233) /

객실 승무원의 객실 점검: 상업사진 (Shutterstock 2055919259) /

기장의 조종실 점검: Etan Tal (https://en.wikipedia.org/wiki/File:Swiss_Saab_2000_Cockpit.jpg) /

정비사의 최종 서명: 상업사진 (Shutterstock 1476711368)

자료 063 심재홍

자료 064 상업사진 (Shutterstock 1933970441)

자료 065 심지선
자료 066 심재홍
자료 067 국토교통부
자료 068 Pieter van Marion (https://en.wikipedia.org/wiki/File:F-GTAR_Air_France_(3698209485).jpg)
자료 069 안나 (토일렛프레스)
자료 070 public domain
자료 071 상업사진 (Shutterstock 1571867953) 재가공
자료 073 국토교통부
자료 074 국방부
자료 075 정재우 (토일렛프레스)
자료 076 국토교통부
자료 077 국토교통부
자료 078 국토교통부
자료 079 국토교통부
자료 080 국토교통부
자료 081 Bidgee (https://en.wikipedia.org/wiki/File:Wagga-Cumulonimbus.jpg)
자료 082 public domain
자료 083 상업사진 (Shutterstock 1318442486)
자료 084 심지선
자료 085 상: 심재홍 / 하: public domain
자료 086 심재홍
자료 087 심재홍
자료 088 국토교통부
자료 089 상업사진 (Shutterstock 661056166)
자료 090 상업사진 (Shutterstock 1978893014)
자료 091 대한항공
자료 093 국토교통부, 재가공

자료 094 상업사진 (Shutterstock 757105252)
자료 095 대한항공
자료 096 심재홍
자료 102 심재홍
자료 105 심재홍
자료 106 심재홍
자료 107 public domain
자료 108 Bill Larkins (https://commons.wikimedia.org/wiki/Fi.e:Douglas_DC-4-1009_Korean_National_Airlines_HL-108.jpg)
자료 109 대한항공
자료 110 Alvis Cyrille Jiyong Jang (https://en.wikipedia.org/wiki/File:KFX_model.png)
자료 111 Dokunaga (https://en.wikipedia.org/wiki/File:T-50_Golden_Eagle_Lining_up.jpg)
자료 112 kallerna (https://en.wikipedia.org/wiki/File:Wing_delivery_Vuosaari_3.jpg)
11p. 정재우(토일렛프레스)
16p. 상업사진 (Shutterstock 403728235)
20p. 상업사진 (Shutterstock 403728235)
22·23p. 상업사진 (Shutterstock 1554787040·403728235) 재가공
84·85p. 상업사진 (Shutterstock 1350241331·767957722) 재가공
107p. 상업사진 (Shutterstock 1571867953) 재가공
140·141p. public domain, 재가공
218·219p. 상업사진 (Shutterstock 1017653671) 재가공
258·259p. public domain, 재가공
282·283p. 상업사진 (Shutterstock 1080439148) 재가공
314p. 상업사진 (Shutterstock 403728235) 재가공